WRITER **나카가와 히데코**

한국 이름은 중천수자, 20년 전 귀화해 한국에 사는 일본 태생 요리 선생님이에요.
<모두의 카레>에서 전 세계의 독특한 카레 레시피 40가지를 소개한 히데코 선생님은 연희동
요리교실 '구르메 레브쿠헨'을 운영하며 다양한 직업과 연령대의 수강생들에게 일본 음식부터
스페인, 이탈리아 요리까지 국경을 넘나들면서 동시에 채소, 도시락, 술안주, 파티 음식 등
매달 다양한 콘셉트로 재미있는 식문화를 가르치고 있습니다. 이번 책에서는 카레 레시피뿐만
아니라 카레에 얽힌 역사와 문화, 그리고 직접 경험한 여러 나라의 카레와 어린 시절 즐겨 먹은
부모님께서 만들어 주셨던 카레 등 추억이 가득 담긴 카레 이야기를 들려줍니다.
<셰프의 딸> <맛보다 이야기> <히데코의 연희동 요리교실> <나를 조금 바꾼다> 등
다수의 책에서 맛깔난 에세이를 쓰기도 했고, <지중해 요리> <지중해 샐러드>
<히데코의 사계절 술안주> <히데코의 일본요리교실> 등을 집필, 국내에서 쉽게 구할 수 있는
재료로 전 세계의 요리 레시피를 소개하기도 했습니다.

@hideko_nakagawa   lebkuchen@naver.com

모두의 카레

1판 1쇄 ◦ 2020년 11월 1일(3000부)

지은이 ◦ 나카가와 히데코
기획 및 편집 ◦ 장은실
교열 ◦ 조진숙
사진 ◦ 김정인 ⊚ taste.of.light
디자인 ◦ 렐리시 ⊚ relish_life
에세이 번역 ◦ 정연주
인쇄 ◦ 규장각
도움을 주신 분들 ◦ 박진숙, 박인혜, 손장원, 노연주, 김재원
◦ 오현주(PLAYING KITCHEN)

펴낸이 ◦ 장은실(편집장)
펴낸곳 ◦ 맛있는 책방 Tasty Cookbook
서울시 마포구 서강로 30 동원스위트뷰 614호
⊚ tastycookbook
✉ esjang@tastycb.kr

ISBN 979-11-969787-7-8 13590
2020ⓒ맛있는책방 Printed in Korea

모두의 카레

나카가와 히데코 지음

맛있는
책방

Prologue

"선생님! 술안주 책을 시리즈로 만들어요!"

2017년 봄이었을 겁니다. <모두의 레시피> 시리즈를 출판하는 맛있는 책방의
오픈식에서 수년 만에 재회한 장은실 편집장이 던진 한 마디로 인해 몇 개월 후
<히데코의 사계절 술안주> 시리즈 제1권이 출간되었습니다. 불도저? 아니,
스포츠카처럼 밀고 나가는 편집장의 추진력 덕분에 모든 원고 마감을 늦추는 능력이
탁월한 게으른 제가 3개월 만에 레시피 40개를 갖춘 요리책을 출간할 수 있었습니다.

올해 2020년이 시작되자 <모두의 레시피>라는 콘셉트로 식재료를 주제로 한 다양한
요리 전문가의 요리책을 제작하기로 했다면서 어떻게 생각하는지, 편집장이 의견을
물어왔습니다. 정말 좋은 아이디어라고 대답하는 순간, 이미 제1권 저자와 편집
작업에 착수하고 있는 모습을 지켜보게 되었습니다.

"선생님! 선생님은 이번 가을에 꼭 카레 요리를 부탁드려요!"

왔네, 왔어. 아, 그런데, 어째서 카레? 내심 생각했습니다만 편집장의 직감이라고
할까요? '히데코 선생님에게는 카레다!' 하고 결정하자 곧 제 속에서, 제 혀에 남은
기억과 뇌 구석에 숨어 있던 카레에 관한 모든 미각이 부글부글 끓어 올라오는 것이
아니겠어요.

'어떤 카레를 좋아하는가' 하고 질문을 받으면 우선 프랑스 요리 셰프였던 아버지가
만들어 준 비프 카레와 그 대칭에 있을 법한 어머니의 돼지고기 카레라이스가
떠오릅니다. 제 카레의 기억은 모두 거기서부터 시작됩니다. 일본을 떠난 지 30년
가까이 지났으니 점점 추억의 맛이라기보다 제 자신의 정체성이 깃든, 부모님이
만들어 주시던 카레의 맛부터 재현해보자는 마음으로 이번 요리책을 시작했습니다.

그렇다고 고형 카레와 카레 파우더를 사용한 일본풍 카레만 소개할 수는 없는
노릇이니 자, 그렇다면 어떤 식으로 레시피를 전개해 나가야 할지 꽤나 고민했습니다.
그 결과 일본인이 카레라이스를 먹게 된 역사부터 풀어가며 결국 카레의 탄생지인
인도 요리 조리법과 향신료, 그리고 동남아시아 등 다른 나라에서 먹는 카레
스타일까지 폭넓은 시야로 카레 레시피를 소개할 필요가 있다는 생각이 들었습니다.
덕분에 당초보다 내용이 짙은 요리책이 되었습니다.

여러분이 어렸을 때부터 익숙하게 먹어온 시판 카레는 저에게는 새로운 맛입니다.
20대에 처음 먹은 인도 정통 카레나 방콕에서 매일같이 먹은 코코넛밀크 풍미가 강한
카레의 맛과는 완전히 다른 한국 카레만의 세계입니다. 최근 일본에서는 제가 어린
시절부터 먹어온 아버지의 비프 카레보다 인도 카레를 일본풍으로 변형한 음식이
속속 등장하면서 인도인이 만드는 인도 카레와는 또 다른, 일본인이 만든 인도 카레
문화가 형성되고 있습니다. 이 <모두의 카레>를 손에 든 독자 여러분에게 카레를
통해 펼쳐지는 세계사의 소소한 한 장면이 전해지길 바라면서 레시피를 정리해
보았습니다.

레시피를 보면서 향신료 수십 가지를 섞는 과정은 어쩌면 귀찮게 여겨질지도
모릅니다. 뭐든지 배달해 간단하게 먹는 식생활이 일상화된 지금 시대에 '고형 카레를
한 조각 집어넣고 끓이면 간단하잖아', '왜 이런 복잡한 요리책을 만든 거야?' 하고
혼날 각오는 되어 있습니다. 하지만 향신료 하나하나의 효능과 맛을 이해하면
그 사이에 '나만의 마살라', 즉 내 입맛에 맞는 카레 파우더를 배합할 수 있게 됩니다.
훨씬 즐거워지면서 점점 카레 세계의 유혹에 빠져들게 됩니다.

Contents

6   Prologue

8   Contents

10   모두의 카레를 읽는 법

12   히데코의 향신료

PART 1

히데코의 카레

20   엄마의 토요일 점심 카레라이스

30   봄 해산물 카레

38   여름 채소 카레

46   가을 채소와 오징어 카레

52   겨울 카레

60   아버지에게서 전수받은 히데코의 비프 카레

70   여름 채소 키마(다진 고기) 카레

74   치킨 카레와 사프란 라이스

80   베지 카레

PART 2

세계의 카레

86   무굴식 치킨 카레

92   녹두 카레(남인도식 뭉달 카레)

98   전갱이 쿠람부(남인도식 생선 카레)

104   양고기 카레(동인도식 카레)

108   시금치 카레

114   런던 카레

122   타이 소고기 그린 카레

128   베트남 풍미 소고기와 토마토 카레

PART
3

카레와
곁들이는
밥, 반찬

136   콩나물 아차르
140   토마토 아차르
144   서리태와 고수 마리네이드
148   무말랭이 머스터드시드볶음
152   오이 타이르 파차디
156   차파티
160   터메릭 프라오

PART
4

카레를
이용한 한 끼

166   카레 필래프
172   양고기 카레 수프
176   카레 우동
180   카레맛 주먹밥
184   치킨 카레 볶음밥

PART
5

카레 풍미
술안주

190   반숙 달걀 아차르
194   마살라 파파도
198   카레맛 살사챠
202   치킨 카라히
       (파키스탄식 닭볶음탕)
208   사모사
214   탄두리 치킨
218   양배추와 파프리카 사브지
       (인도식 채소볶음)

PART
6

카레를 활용한
디저트

224   스파이시 치즈케이크
228   하귤 처트니
232   매실청 라씨
236   생강 시럽

240   Epilogue
242   Index

How to

모두의 카레를 읽는 법 | 모두의 카레를 읽는 방법을 알려드릴게요.

요리의 제목이에요. 맨 뒤
인덱스를 보시면 주재료로
쉽게 찾아볼 수 있어요.

카레 요리를 소개하는 히데코
선생님의 맛있는 에세이와
카레에 얽힌 역사, 문화
이야기를 가득 담았어요.
요리하기 전에 읽어보세요.

카레는 한번에 많이
끓일수록 맛있어요.
기본 4인분 분량입니다.

다진 마늘과 다진 생강은 히데코의 카레
레시피에서 빠질 수 없는 재료들이에요.
보통 5~10g 정도 들어가는데 마늘
1~2쪽 분량이라고 생각하면 됩니다.

카레는 다양한 향신료가 들어가
레시피가 좀 복잡할 수 있어요.
보기 쉽게 용도에 따라 양념을
나누었습니다.

사진을 보며 쉽게 따라 할 수 있게
사진마다 번호를 넣었어요.
각 사진 순서에 따라
레시피를 참고해주세요.

복잡한 카레 레시피도 순서를 따라
하다 보면 어렵지 않게 만들 수
있어요. 크게 재료 준비하기 ⇨ 재료
볶기 ⇨ 카레 끓이기 순으로 그룹을
나누어 소개했어요.
이대로 따라 해주세요!

재료 준비하기   1   양파는 5mm 두께로 채 썰고 당근과 3cm 두께로 비슷하게 썹니다.
               감자는 양근보다 작게 크게 썰어 물에 담가주세요.

               2   레시피대로만 손으로 떼기 좋게 썰고 크기는 이슷하게 썰어요.

               3   돼지고기는 3cm 길이로 자릅니다.

               4   카레 양념 A 중 가루류를 분에 넣고 물을 조금씩 부어가며 섞 섞어요.

26   Part 1   27

레시피를 따라 할 때
주의할 점,
보관법에 대한
내용을 알려드려요.

카레 끓이기   8   냄비에 육수 1000ml을 붓고 한소끔 끓으면 거품을 제거한 뒤
             예:다리에보다 카레 양념 B을 보두 넣고 중불로 6~7분간 끓입니다.

             9   카레 양념 A를 조금씩 부어가며 잘 섞은 다음 약한 불에서 저금
                 저어가며 5분 정도 끓입니다.

            10   다시대봉삭을 넣어 풍미를 더해 완성합니다.

28   Part 1   29

11

히데코의 향신료

....

이 책에 쓰인 다양한 향신료에 대해서 알아볼게요. 조금 생소한
재료일 수 있지만 한두 가지씩 수집하다 보면 여러 향신료를
섞어 나만의 향신료를 만드는 새로운 재미를 느낄 수 있습니다.
도전해보세요.

커민시드Cumin Seed

미나리과. 구수한 내음 속에 깊고
부드러운 향기를 품고 있습니다.
가람 마살라와 카레 파우더, 칠리
파우더 등의 혼합 향신료에 빠뜨릴 수
없는 재료입니다. 다른 향신료를 섞지
않아도 쉽게 균형 잡힌 맛을 낼 수 있어
단독으로 사용하기도 합니다.

터메릭Turmeric

생강과. 한국어로는 강황이라고
하며 아릿한 흙 향기가 납니다. 주로
노란빛을 입히는 향신료라는 이미지가
강하지만 실제로는 향기가 특징이지요.
소량 사용해 향기의 토대를 만드는
중요한 역할을 합니다.

정향Clove

도금양과. 영어로는 클로브, 한국어로는 정향이라고
부릅니다. 꽃이 피기 전에 붉게 물든 꽃봉오리 부분을
수확한 드문 종류의 향신료입니다. 우스터소스의
주성분이기도 하지요. 둥그런 모양 그대로 사용하는
편이 풍미의 균형을 잡기 쉽습니다. 인도 카레에 빼놓을
수 없는 향신료 중 하나입니다.

코리앤더시드Coriander Seed

미나리과. 후추처럼 자극적인 꽃향기가 나는 한편
어딘지 모르게 달콤한 향기도 감돕니다. 인도 요리에는
빠지지 않는 재료이지요. 다른 향신료와 섞으면
균형 잡는 역할을 해 '조화의 향신료'라고 불립니다.
전체적인 풍미의 균형을 잡을 때 비율을 늘려
사용하면 좋습니다.

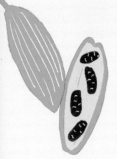

카다몬Cardamon

생강과. 사프란, 바닐라와 함께 고가의
향신료에 속하며 '향신료의 여왕'이라고
불립니다. 산뜻하면서 부드러운 과일 느낌의
달콤한 향기가 납니다. 껍질째로 뭉근하게
익히면 향이 천천히 추출됩니다.

펜넬시드Fennel Seed

미나리과. 인도의 가람 마살라, 중국의 오향
가루 등의 원료로 균형 잡힌 향이 납니다.
식재료 본연의 맛을 이끌어내는 힘이 강해
해산물과 콩, 채소 등 다양한 요리에 널리
쓰입니다.

너트맥Nutmeg

육두구과. 일반적으로 육두구의 씨를 말합니다. 강판에 갈아 분말 형태로 사용하는 경우가 많습니다. 향기로운 가운데 살짝 자극적인 느낌이 있어 풍미가 강한 고기 요리와 궁합이 잘 맞습니다.

페뉴그리크시드Fenugreek Seed

콩과. 인도 요리에 자주 쓰이며 단백질과 미네랄, 비타민 등이 풍부해 채식의 영양원이 됩니다. 신선한 잎이나 말린 잎, 말린 씨 등을 사용하며, 소량을 기름에 볶으면 달콤한 향이 배어납니다.

머스터드시드Mustard Seed

십자화과. 인도 요리의 대표적인 조리법인 타르카에 자주 사용합니다. 온전한 형태일 때는 향이 별로 나지 않지만 갈거나 가열하면 구수한 향과 더불어 쓴맛, 매운맛이 살아납니다.

시나몬Cinnamon

녹나무과. 한국에서는 계피라고 부르기도 하지만 둘은 종류가 다릅니다. 부드럽고 달콤한 맛과 독특한 향기가 특징입니다. 한국에서는 주로 차로 마시거나 과일에 가미하며 중동 및 인도에서는 고기 요리에 사용합니다. 통째로 기름에 볶으면 오랫동안 푹 익혀도 마지막까지 향기가 이어집니다.

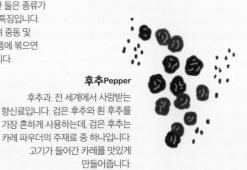

후추Pepper

후추과. 전 세계에서 사랑받는 향신료입니다. 검은 후추와 흰 후추를 가장 흔하게 사용하는데, 검은 후추는 카레 파우더의 주재료 중 하나입니다. 고기가 들어간 카레를 맛있게 만들어줍니다.

레드 칠리Red Chilli

가지과. 한국에서도 친숙한 홍고추입니다. 파프리카와 비슷한 구수한 향이 납니다. 터메릭이나 코리앤더 파우더 등과 더불어 카레를 만들 때 빼놓을 수 없는 향입니다. 매운맛을 조절하고 싶다면 파프리카로 대체하는 것이 좋습니다.

파프리카Paprika

가지과. 홍고추와 같은 종에 속하지만 헝가리에서 품종을 개량하면서 매운맛이 나지 않는 고추로 정착했습니다. 고추와 비슷한 구수하고 깊은 향이 납니다. 미국이 원산지이며 콜럼버스의 신대륙 발견 이후 스페인으로 반입되어 훈제 향이 나도록 가공된 파프리카 파우더는 현재 전 세계에서 널리 사용하고 있습니다.

사프란Saffron

붓꽃과 크로커스속. 세계에서 가장 비싼 향신료로 유명합니다. 프랑스 요리인 부야베스, 스페인 요리인 파에야 등에 향과 색을 더하는 용도로 주로 쓰이며, 인도 요리에서는 사프란 라이스나 비리야니 등에 소량 사용합니다.

카레 잎Curry Leaf

운향과. 인도 남부 요리와 스리랑카 요리에 필수적인 향신료. 생잎에서는 감귤류 향이 나지만 다른 건조 향신료와 함께 볶거나 끓이면 독특하면서도 구수한 향이 더해집니다. 말린 잎은 향이 약하지만 갈아 가루를 내면 좋은 향이 납니다. 요리 마무리 즈음에 더하거나 가볍게 가열해 쓰기 좋습니다.

향신료 보관법

1   온도가 낮은 곳에서!
2   습도가 낮은 곳에서!
3   직사광선은 피하도록!

그래서 일반 가정에서는 '냉장고'에 보관하는 것이 가장 좋습니다. 다만 냉장고에서 꺼낸 향신료를 곧바로 다시 냉장고에 넣지 않으면 병에 결로가 생겨 습기가 차기 때문에 곰팡이가 생길 수 있습니다.

모두의 카레 파우더

히데코의 레시피로 직접 만든 모두의 카레 파우더를 소개합니다.
책 레시피 속 카레 파우더는 모두의 카레 파우더로 대체가 가능하며
일반 카레 파우더를 사용해도 괜찮습니다.

모두의 카레 파우더는 카레에 빼놓을 수 없는 코리앤더, 터메릭, 레드 칠리, 커민,

카다몬 파우더 등 인도 향신료와 한국 사람들의 입맛에도 잘 맞도록 표고버섯, 마늘,

양파 가루 등을 더해 히데코의 배합 비율로 만든 카레 파우더입니다.

모두의 카레 파우더 구입 문의는 esjang@tastycb.kr로 연락 주세요!

모두의 카레 파우더의 다양한 활용법

튀김	튀김옷을 만들 때 튀김가루와 섞어 사용하세요.
구이	해산물, 육류를 마리네이드할 때 넣어보세요.
볶음	채소를 볶거나 구울 때 살짝 넣어 독특한 향을 느껴보세요.
카레 드레싱	간장 1ts, 카레 파우더 1ts, 소금 ⅓ts, 후춧가루 약간, 올리브유 4Ts 을 섞으면 이국적인 풍미의 카레 드레싱 완성!
카레 소금	소금과 카레 파우더를 2대 1로 섞으면 카레 소금을 만들 수 있어요. 다양한 요리에 활용 가능합니다.

PART

1

히데코의 카레

제가 제일 좋아하는 카레는 무엇일까요? 대학생 시절인 1980년대 후반부터 이미 제대로 된 인도 카레를 먹었으니, 자랑은 아니지만 인도 카레 경력은 이미 30년이 되었습니다. 하지만 사람의 미각이 완성된다고 하는 5~12세에 하우스(House)나 에스비(S&B) 고형 카레를 녹여 만든 카레라이스를 먹으며 자란 저에게는 역시 '일본 가정식 카레'가 가장 편안한 맛이에요. 그렇습니다. 고열로 드러누웠을 때 혹은 배가 고파오면 제일 먼저 떠오르는 카레는 인도 카레보다는 어머니가 만들어 준, 고기와 채소가 데굴데굴 굴러다니는 카레라이스입니다.

일본의 카레 역사는 생각보다 길어서, 일본인이 처음 카레를 접한 것은 에도 시대 막부 시절이었습니다. 교육자인 후쿠자와 유키치 등 당시의 엘리트층이 서양 문화를 접하면서 카레라는 단어를 알게 되고, 눈으로 보다가, 메이지 유신의 문명 개화와 함께 직접 먹을 수 있게 되었습니다. 1872년에는 프랑스와 영국을 통해 카레 만드는 법이 일본에 전해지면서 <서양요리통西洋料理通> 등의 요리책에 소개되었지요. 1876년 클라크 박사가 개교한 홋카이도 대학의 전신 삿포로농학교의 기숙사 식단에 '라이스카레'가 등장한 것도 이 무렵입니다.

이후 여성 월간지에 카레 만드는 법이 소개되었고, 1903년에는 국산 카레 파우더 상품이 출시되었습니다. 이국 요리를 쉽게 만들 수 있게 되면서 동네 소바 가게 등에서도 카레 파우더를 활용한 카레남반カレー南蛮 등의 메뉴가 서민들 사이에서 인기를 끌고, 카레가 점점 대중화되었지요.

쇼와 시대에 접어들면서 도쿄 신주쿠의 빵집 나카무라야에서 고급스러운 카레라이스 전문점을 열고, 전국의 백화점 식당은 물론이고 동네마다 작은 카레 가게가 속속 들어섰습니다. 태평양전쟁 중에는 카레 붐의 불꽃이 약간 사그라졌지만, 전쟁 후 하우스 등 식품 회사에서 고형 카레를 발매해 일본 가정에서는 누구나 카레라이스를 만드는 시대가 도래했습니다.

제가 어린 시절을 보낸 1970년대까지 카레라이스는 고형 카레로 만드는 음식이었습니다. 학교 급식에도 일주일에 한 번은 카레라이스가 들어 있었고, 레토르트 카레가 발매된 것도 이 무렵인 것 같습니다. 다만 제 경우에는 프랑스 요리 셰프라는 아버지 직업 덕분에 집에서 카다몬이나 커민 등 들어본 적 없는 향신료를 혼합해 만든 카레를 먹는 행운이 따랐습니다.

대학생이 된 이후, 그리고 일본을 떠나 해외에서 살기 시작할 무렵에는 도쿄에서 인도인이 경영하는 인도 카레 전문점을 가거나 태국, 베트남 등에서 에스닉풍 카레를 접하면서 어딘가 신기한 마음으로 먹곤 했습니다. 그게 이미 벌써 30년 전의 일이지요. 제가 일본을 떠나 있던 지난 30년간, 일본의 카레 역사서에는 새로운 장이 열렸습니다. 원래 인도가 원산지인 카레가 점점 진화하며 카레의 세계는 한층 더 발달했습니다. 다양한 카레 전문 요리책도 출판되어 일본에 돌아갈 때마다 대형 서점에 가면 눈에 띄는 카레 전문 서적의 방대함에 놀라곤 합니다.

Part 1에서는 제가 어린 시절부터 먹은 카레라이스를 비롯해 한국의 식재료를 살린 사계절의 카레라이스, 인도와 동남아시아 풍미의 카레를 저 나름대로 변형한 레시피를 소개합니다.

엄마의 토요일 점심
카레라이스

"다녀왔습니다!"

토요일 낮 12시가 지나 동생과 둘이서 학교에서 돌아오면 부엌에서는 이미 어머니의
자랑인 카레라이스 향이 흘러넘쳤습니다. 매주 토요일은 급식이 없는 날이라 네 살
아래인 동생과 교문 앞에서 만나 잔뜩 배가 고픈 채로 서둘러 집에 돌아오곤 했지요.
토요일 점심 메뉴는 보통 카레라이스였고 가끔 야키소바나 하야시라이스, 나폴리탄
스파게티일 때도 있었습니다.

프랑스 요리 셰프였던 남편에 대한 콤플렉스가 있었는지 어머니는 요리를
즐겁다기보다 부담스럽게 느끼고 있었다는 사실을 제가 쉰을 넘기고 나서야 알게
되었어요. 그러고 보니 우리가 어렸을 때 어머니는 '아빠가 만드는 것보다 맛있지는
않지만…'이라는 말을 꼭 덧붙였던 기억이 있습니다.

그런 어머니가 자주 만들어 준 요리는 마른 멸치나 가다랑어포로 연하게 우린 다시 국물에 간장과 맛술을 더해 푹 익힌 돼지고기 카레라이스. 마무리로 녹말을 풀어 걸쭉하게 만들기 때문에 먹고 남으면 다음 날 점심에는 카레우동으로 변신해 식탁에 등장하곤 했습니다.

그다지 육류를 즐기지 않는 어머니는 돼지고기와 닭고기에서 냄새가 난다는 이유로 한번 데쳐 요리에 사용하셨습니다. 어머니는 '약간 품을 들이는 게 중요한 거야!'라고 말씀하곤 하셨죠. 식용유에 양파랑 같이 볶아버리면 될 텐데, 하고 어린 마음에 생각하면서 팔팔 끓는 물에 고기를 가볍게 데치는 것은 언제나 제 담당이었습니다. 저는 그렇게 물에 데치는 순간 고기 누린내가 코를 찌르는 것이 더 싫었지만 확실히 어머니의 말씀대로 카레라이스의 일부가 된 돼지고기에서는 특유의 누린내가 사라지고, 입 안에서 우물우물 씹을 때의 식감은 저처럼 고기를 좋아하는 사람에게는 조금 아쉬운, 그런 맛이 되어 있었습니다.

어머니가 만들어 준 토요일의 카레라이스는 제 추억의 맛입니다. 그 맛을 떠올리면서 저만의 토요일의 카레라이스를 만들어보았습니다. 제 레시피에서는 얇게 저민 돼지고기에 소금과 후춧가루로 밑간한 다음 올리브유에 볶습니다. 돼지고기 누린내를 없애기 위해 카레 파우더를 약간 뿌리고 피망이나 맵지 않은 고추를 더해 강불에 가볍게 볶습니다. 그걸 따로 볶은 채소 냄비에 넣고 뭉근하게 익힙니다. 어떤 요리든 마찬가지이지만 '약간 들이는 품'이 음식을 맛있게 만듭니다.

어머니에게는 '약간 들이는 품'에 더한 '가벼운 맛내기 비법'이 있었습니다. 토요일의 카레라이스 냄비에는 살짝 쓴맛이 도는 다크초콜릿을 한 조각 집어넣었습니다. 카레 레시피를 소개하는 일본의 인터넷 사이트 등에도 마지막에 초콜릿이나 인스턴트 커피를 더하는 조리법이 실려 있어 어머니만의 특별한 비법이라고는 말할 수 없지만 저는 카레라이스에 초콜릿을 넣는다는 것을 어머니에게서 배워 알게 되었습니다.

몇 년 전 서울시의 재생 프로젝트에 참가하면서 요리 교실의 제자들과 1년간 '판매는 불가능하나 원하는 만큼 사용해도 좋다'는 조건으로 서울시가 준비한 공간에서 음악, 영화, 식재료 등 다양한 주제와 요리의 컬래버레이션을 선보였습니다. 그때 젊은 아티스트의 설치 미술과 그들이 좋아하는 음식을 주제로 하여 일본식 카레라이스를 100인분 만든 적이 있습니다.

그때 지금은 캐나다에 거주하는 요리 솜씨가 아주 좋은 제자가 "선생님, 마지막에 초콜릿을 넣으면 깊은 맛이 나요" 하면서 커다란 냄비에 판 초콜릿을 두 장 집어넣는 것을 보고서 40년 전에 배운 어머니의 작은 요리 비법이, 그것도 국경을 건너고 시공을 넘어 맛을 전달한다는 것에 감개무량한 기분이 들었습니다.

시대와 국경을 넘어서도 맛있는 음식은 맛있는 것이지요. 이 요리책에서는 어머니의 토요일의 카레라이스를 재현하면서 지금까지 넣은 적이 없던 초콜릿을 한 조각, 마지막에 '퐁' 하고 떨어뜨려 보았습니다.

4인분	○ 돼지고기 앞다리살(불고기용) 300g ○ 양파 1개 ○ 당근 ½개 ○ 감자 3개
	○ 애느타리버섯 100g ○ 오이고추 4개

○ 식용유 2Ts ○ 다진 생강 10g ○ 다진 마늘 10g ○ 카레 파우더 1ts

○ 가다랑어포 또는 멸치로 만든 육수 1L

○ 다크초콜릿 1조각(3~5g)

카레 양념	Ⓐ	○ 카레 파우더 2Ts ○ 밀가루 3Ts ○ 전분 3Ts ○ 물 100ml
	Ⓑ	○ 간장 4Ts ○ 미림 3Ts ○ 케첩 1Ts ○ 무스코바도 설탕 1ts ○ 소금 1ts

재료 준비하기	1	양파는 5mm 두께로 채 썰고 당근은 3cm 두께로 적당히 썹니다.
		감자는 당근보다 약간 크게 잘라 물에 담가주세요.
	2	애느타리버섯은 손으로 먹기 좋게 찢고 오이고추는 어슷하게 썰어요.
	3	돼지고기는 3cm 길이로 자릅니다.
	4	카레 양념 Ⓐ 중 가루류를 볼에 넣고 물을 조금씩 부어가며 잘 섞어요.

26

재료 볶기　　　5　냄비에 식용유 1Ts을 두르고 다진 생강과 마늘을 볶습니다. 향이 나면
　　　　　　　　　 양파, 당근, 감자를 넣고 강불로 볶다가 불을 끕니다.

　　　　　　　　6　다른 팬에 식용유 1Ts을 두르고 고기를 볶습니다.

　　　　　　　　7　고기가 갈색이 되면 오이고추와 카레 파우더 1ts을 더해 살짝 볶다가
　　　　　　　　　 5에 옮겨 담고 섞어요.

감자를 이쑤시개로
찔러 들어가면
약한 불로
줄여주세요.

카레 끓이기	**8**	냄비에 육수 1L를 붓고 한소끔 끓으면 거품을 제거한 뒤 애느타리버섯과 카레 양념 **ⓑ**를 모두 넣고 중불로 6~7분간 끓입니다.
	9	카레 양념 **ⓐ**를 조금씩 부어가며 잘 섞은 다음 약한 불에서 가끔 저어가며 5분 정도 끓입니다.
	10	다크초콜릿을 넣어 풍미를 더해 완성합니다.

봄 해산물 카레

카레라이스의 전형적인 재료를 꼽자면 고기와 양파, 당근, 감자로 여기에 녹색 채소나
가지 등을 더하기도 합니다. 일본의 고형 카레 상자 뒷면에 적혀 있는 '재료와 만드는
법'의 재료도 대체로 비슷한 편이지요. 저는 요리 교실의 레시피를 짜거나 가족
식사를 만들 때 제철 식재료를 매우 중요하게 생각하기에 평범한 카레라이스 재료에
계절감을 더하기 위한 고민을 많이 했습니다.

최근 들어 지구 온난화로 기존의 계절감이 사라지고 있지만 그래도 봄이면
맛있어지는 조개류로 국물을 내고 가리비는 버터로 구운 다음 카레에 더합니다.
그리고 보통은 밀가루와 녹말로 점도를 내지만 여기서는 감자와 봄의 향미 채소로
페이스트를 만들어 걸쭉하게 완성합니다. 마지막으로 생크림을 둘러 봄다운 화사한
색감으로 마무리합니다.

4인분   ○ 바지락 400g ○ 중하새우 300g ○ 키조개관자 2개
             ○ 물 300ml ○ 다시마 3×3cm 1장 ○ 저민 생강 2조각
             ○ 양파 2개 ○ 올리브유 3Ts ○ 버터 30g

        감자 페이스트   ○ 감자 1개 ○ 셀러리 70g ○ 부추 20g ○ 물 300ml

        카레 양념   Ⓐ 커민시드 ½ts ○ 펜넬시드 ½ts
                  Ⓑ 터메릭 파우더 ½ts ○ 파프리카 파우더 1ts ○ 칠리 파우더 1ts ○ 코리앤더 파우더 2ts

        ○ 소금 1ts ○ 무스코바도 설탕 2ts ○ 생크림 100ml

재료 준비하기	1	냄비에 해감한 바지락과 물, 다시마, 생강을 넣고 약한 불에 올립니다.
		카레 양념 ®는 미리 섞어두세요.
	2	천천히 거품이 생기고 바지락이 입을 열 때까지 육수를 끓입니다.
	3	체에 내려 육수는 볼에 담고 바지락은 살만 발라냅니다.
	4	새우는 껍질을 벗기고 머리와 꼬리를 떼어주세요.
		키조개관자는 결 반대로 5mm 두께로 잘라줍니다.
	5	양파는 5mm 두께로 채 썰어요.

바지락은 소금물(물 200㎖에
소금 6~7g 기준)에 담가
비닐을 덮어 어둡게 한 뒤
1시간 이상 두어야 해감이
잘됩니다.

감자 페이스트
만들기

6 감자는 껍질을 벗겨 잘게 썰고 셀러리는 줄기 부분을 송송 썰고
부추는 굵게 다져주세요.

7 냄비에 물 300ml와 감자, 셀러리를 넣고 감자가 부드러워질 때까지
삶은 후 부추를 넣고 체에 건져 물기를 제거하세요. 채소 삶은 물은
버리지 마세요! 나중에 필요합니다.

8 삶은 채소는 믹서에 갈아 부드러운 페이스트를 만듭니다.

재료 볶기

9 팬에 올리브유를 두르고 카레 양념 Ⓐ를 넣고 노릇하게 볶아요.

10 채 썬 양파를 넣고 강불로 볶다가 채소 삶은 물 50ml를 부어 뚜껑을
덮은 상태에서 양파가 부드러워질 때까지 익힙니다. 이후 뚜껑을 열고
수분을 날리면서 강불로 여우털 색이 될 때까지 볶아주세요.

11 감자 페이스트를 넣고 볶아요.

히데코의
Tip

양파 캐러멜라이즈를 손쉽게 만들려면 뚜껑을 덮은 뒤
가장자리가 갈색이 될 때까지 둔 다음 몇 번 뒤적이면 됩니다.
힘들게 볶지 말고 간편하게 만드세요

카레 끓이기   **12** 카레 양념 ⓑ와 소금을 넣고 섞어요. 설탕과 바지락 육수 300ml를 넣고 뚜껑을 덮은 상태에서 약한 불로 3분간 끓입니다.

                         13 뚜껑을 열고 생크림을 넣어 뭉근하게 끓여주세요.

해산물 굽기   **14** 팬에 버터를 녹이고 새우와 키조개관자를 넣어 겉만 노릇하게 구워주세요.

                         15 끓는 카레에 해산물을 넣으면 완성입니다.

여름 채소 카레

'한여름 무더위에 튀김 같은 걸 만들 리 없잖아요!!' 하고 불평이 나올 듯도 하지요.
여름 채소인 가지, 주키니나 애호박, 단호박, 풋고추나 알록달록한 파프리카, 오크라
등을 큼직큼직하게 썰어 180℃의 튀김 기름에 튀김옷 없이 튀기면 뭉근하게 푹
끓였을 때보다 여름 채소다운 단맛은 강해지고 식감은 촉촉해져 먹는 재미가
늘어납니다.

'튀기기'라는 조리 과정이 더해지는 이 카레는 양파와 소고기를 볶은 다음 물과
고형 카레만 더해 간단하게 카레 소스를 만듭니다. 카레 소스가 다 되면 물기를
충분히 제거해 튀긴 채소를 더하고, 한소끔 더 끓이면 완성.

튀김에 자신이 없는 사람이라면 속이 깊은 지름 18cm 정도 크기의 작은 튀김용
프라이팬이나 바닥이 두꺼운 냄비에 튀김 기름을 필요한 만큼 부어 한번 튀겨보세요!
채소를 튀김옷 없이 튀기는 경우에는 튀김 기름을 여러 번 반복해 재사용할 수
있습니다.

4인분 ○ 소고기(불고기용) 300g ○ 양파 1개 ○ 토마토 1개
○ 올리브유 2Ts ○ 버터 1Ts ○ 물 800ml

<u>튀기는 채소</u> ○ 가지 1개 ○ 애호박 ½개 ○ 단호박 ¼개 ○ 붉은 파프리카 1개
○ 오이고추 2개 ○ 식용유

<u>카레 양념</u> ○ 카레 파우더 1Ts ○ 월계수 잎 1장 ○ 고형 카레 4조각(100g) ○ 케첩 1Ts

재료 준비하기　1　가지와 애호박은 2cm 두께로 동그랗게 썰고 단호박은 껍질과 씨를 제거한 뒤 1cm 두께로 썰어주세요. 파프리카는 한입 크기로 자르고 오이고추는 송송 썰어주세요.

　　　　　　　2　양파는 5mm 두께로 채 썰고 토마토는 세로로 6등분합니다.

채소 튀기기　3　식용유를 튀김 냄비에 넉넉히 부어 180℃로 · 달군 뒤 수분이 많은 채소를 먼저 튀겨주세요. 오이고추, 파프리카, 애호박, 단호박, 가지 순서로 튀깁니다.

　　　　　　　4　너무 오래 튀기면 물러질 수 있으니 약간 단단할 때 꺼내는 게 좋아요.

오이고추는 씨 때문에 튈 수 있으니 씨를 제거하거나 냄비에 채를 얹어 씨가 튀는 것을 막아주세요.

42

| 재료 볶기 | 5 | 냄비에 올리브유와 버터를 넣고 달군 뒤 소고기와 양파를 강불로 볶아주세요. |
| | 6 | 카레 파우더와 월계수 잎을 넣고 살짝 볶다 물 800ml를 붓습니다. |

카레 끓이기   **7**   한소끔 끓기 시작하면 거품을 제거한 뒤 뚜껑을 덮고 약한 불로 고기가 부드러워질 때까지 끓입니다.

8   재료가 어느 정도 끓으면 고형 카레와 케첩을 넣고 고루 섞어 고형 카레를 녹여줍니다.

고형 카레를 녹일 때 가능하면 불을 끄고 녹이세요. 그래야 타지 않고 잘 녹아요.

9   썰어둔 토마토를 넣고 튀긴 채소를 넣은 뒤 마무리합니다.

가을 채소와 오징어 카레

요리 교실인 아틀리에의 책장에는 세계 각국의 요리책이 쌓여 있습니다.
그중에서도 일본의 다카야마 나오미高山 なおみ 선생님의 요리책을 정말 좋아해요.
그분의 식재료 다루는 법에서 힌트를 얻는 경우가 많은데, 오징어 내장을 함께
볶아 카레에 깊은 맛을 더하는 이 가을의 카레라이스에도 다카야마 나오미
선생님의 방식을 활용해 비트와 무를 섞어보았습니다.

오징어 내장에 대해 말하자면 일본의 오징어젓갈은 오징어 내장을 이용해
담급니다. 일본에 살던 무렵에는 뜨끈뜨끈한 흰밥에 오징어젓갈을 얹어 먹는
걸 좋아해, 와인을 한 잔밖에 마시지 못하는 어머니로부터 '히데코는 나중에
술꾼이 될 거야' 하시는 말을 종종 듣곤 했습니다. 하지만 이상하게도 그렇게
좋아하던 오징어젓갈을 해외에서는 먹고 싶지 않은 이유는 무얼까요. 그 나라의
식문화와 식재료에 융합할 수 없으면 맛있던 것도 맛없게 느껴지는 듯합니다.

한국에서는 신선한 오징어를 쉽게 구할 수 있어서 오징어 내장도 충분히
식재료로 사용할 수 있습니다. 해산물의 독특한 바다 내음에 약한 사람이라면
조금 먹기 힘들지 모르지만 시판 고형 카레를 넣어 푹 익히기 때문에
생각보다는 먹기 쉬울 거예요. 한번 시도해보세요.

4인분 ○ 오징어 2마리 ○ 양파 2개 ○ 마늘 3쪽 ○ 말린 표고버섯 5g
○ 총각무 2개 ○ 비트 ½개

○ 올리브유 2Ts ○ 버터 15g ○ 화이트 와인 100ml ○ 물 600ml ○ 월계수 잎 2장
○ 고형 카레 4조각(100g) ○ 소금

오징어 손질하기	**1**	오징어는 몸통에 손을 집어넣어 내장과 함께 다리 부분을 떼어냅니다.
	2	몸통 안쪽은 물로 깨끗이 씻어 연골을 제거한 뒤 폭 1cm로 동그랗게 자릅니다.
	3	다리에 붙은 내장은 떼어내고 5cm 길이로 잘라요.
	4	내장은 먹물 주머니를 떼어내 2cm 두께로 잘라 바로 냉장고에 넣어둡니다.

| 재료 준비하기 | **5** | 양파는 결대로 얇게 채 썰고 마늘과 물에 불린 표고버섯은 잘게
다집니다. |
| | **6** | 총각무와 비트는 껍질을 제거해 가로세로 1cm 주사위 모양으로
자릅니다. |

재료 볶기 7 달군 냄비에 올리브유와 버터를 넣고 중불로 양파를 볶습니다.

8 양파가 갈색이 나면 다진 마늘과 표고버섯을 넣고 같이 볶아주세요.

9 총각무와 비트도 넣고 계속 볶다 오징어 내장을 더해 강불로 잘
볶습니다.

10 화이트 와인 100ml를 붓고 냄비 바닥을 긁으면서 알코올을
날려주세요.

카레 끓이기 11 물 600ml와 월계수 잎을 넣고 끓기 시작하면 거품을
건져내며 비트와 무가 익을 때까지 중불로 끓입니다.

12 오징어와 고형 카레를 넣고 카레가 녹을 때까지 불을
끄고 잘 섞어줍니다. 부족한 간은 소금으로 하세요.

오징어를 맨
마지막에 넣어야
부드럽게 먹을 수
있어요.

겨울 카레

계절의 마지막 카레는 겨울에 맛이 오르는 콜리플라워와 우엉을 닭고기와 함께
뭉근하게 익힌 카레라이스입니다. 카레라이스는 카레 파우더를 이용하면 간단하게
만들 수 있지요. 하지만 가끔은 정통 인도식으로 여러 종류의 향신료를 섞어
만들어보는 것은 어떨까요?

하지만 '향신료를 산다 해도 기껏 한 번밖에 안 쓸지도 모르는데…' 싶어서 결국
편리한 카레 파우더를 사용하게 되죠. 요리도 다른 문화를 체험하는 것이라
생각하고 향신료를 구해 예쁜 병에 요리조리 담아가며 나름대로 블렌딩해보는 것도
즐거운 일입니다.

우리 가족이 좋아하는 맛에 어울리도록 정통 향신료의 비율을 조금씩 바꾸고,
닭 육수와 채소 국물을 내는 대신 다시마 가루를 향신료에 섞었습니다.
콜리플라워는 절반 분량을 푹 익혀 믹서에 간 뒤 카레에 더해 깊은 맛을 냅니다.
거기에 감칠맛과 구수한 향을 위해 마무리로 인도 정통 조리법인 '타르카'를 활용해
참기름에 가볍게 볶은 대파를 얹어보았습니다.

4인분	○ 닭다리살 400g ○ 소금누룩(시오코우지) 2~3Ts
	○ 양파 1개 ○ 우엉 10cm(200g)

콜리플라워 퓌레 ○ 콜리플라워 1개(300g) ○ 물 400ml

○ 올리브유 2Ts ○ 다진 마늘 10g ○ 다진 생강 10g ○ 물 200ml

카레 양념 Ⓐ	○ 머스터드시드 1ts
Ⓑ	○ 터메릭 파우더 ½ts ○ 너트맥 파우더 ½ts ○ 정향 가루 ½ts
	○ 커민 파우더 2Ts ○ 코리앤더 파우더 1Ts ○ 레드 칠리 파우더 1Ts
	○ 깨소금 2Ts ○ 다시마 가루 1ts ○ 소금 ½ts

타르카 ○ 대파 흰 부분 10cm ○ 참기름 3Ts

54

소금누룩은 닭을
부드럽게 해주고
감칠맛을 내는 역할을
해요. 없으면
생략해도 됩니다.

재료 손질하기 **1** 닭다리살은 한입 크기로 잘라 소금누룩을 바르고 약 30분간
재워둡니다. 카레 양념 **B**는 미리 섞어두세요.

2 양파는 결대로 얇게 채 썰고 타르가용 대파는 얇게 어슷하게 썹니다.

3 우엉은 껍질을 제거한 뒤 연필 깎듯이 깎아주세요.

콜리플라워 **4** 콜리플라워 반 개는 대충 자르고 반 개는 한입 크기로 자른 뒤 얇게
퓌레 만들기 슬라이스하세요.

5 대충 자른 콜리플라워 반 개는 물 400ml와 함께 냄비에 넣고 불에
올려 한소끔 끓으면 뚜껑을 덮고 7~8분간 약한 불로 익힙니다.

6 식으면 믹서에 갈아주세요.

재료 볶기

7 달군 팬에 올리브유를 두르고 카레 양념 Ⓐ를 넣어 갈색으로 변할 때까지 중불로 볶아주세요.

8 다진 마늘과 생강을 넣고 볶다가 채 썬 양파를 더해 갈색이 될 때까지 볶습니다.

9 누룩에 재운 닭다리살을 넣고 볶다 색이 하얗게 변하면 약한 불로 줄여 카레 양념 Ⓑ를 넣어 섞어요.

카레 끓이기 **10** 물 200ml를 붓고 우엉을 넣은 뒤 강불로 한소끔 끓이다 뚜껑을 덮고
약한 불로 15분간 끓입니다.

11 콜리플라워 퓌레를 넣고 뚜껑을 덮은 뒤 약한 불로 5분간 졸인 다음
마지막에 슬라이스한 콜리플라워를 넣어요.

타르가 만들기 **12** 작은 팬에 참기름을 두르고 대파를 중불로 노릇하게
거품이 날 정도로 볶아줍니다.

13 완성한 카레에 붓고 섞어주세요.

아버지에게서
전수받은
히데코의
비프 카레

쇼와 시대 전성기에 도쿄 히비야의 제국 호텔에서 프랑스 요리 셰프로 근무한
아버지의 카레라이스는 그야말로 메이지 시대 서양 요리에서 영향을 받은
정통 한 접시 요리입니다.

'시간이 없으니까 카레라이스나 만들어야지' 하는 식으로 뚝딱 만들 수 있는
인스턴트 요리가 아닙니다. 우선 닭 육수를 낸 다음 소고기나 닭고기를 채소와
함께 푹 익히고 나서 고기는 건져내고 냄비에 남은 채소와 육수를 체에 내립니다.
아버지가 카레 소스라고 부르던 이 소스는 즉 아버지의 수제 카레였습니다.
그런 다음 다른 냄비에 양파를 캐러멜색이 날 때까지 볶고 건져두었던 고기와 육수를
부어 다시 푹 끓인 후 색색의 채소를 더하는, 그야말로 손이 많이 가는 요리입니다.

가끔 아버지의 카레라이스 맛이 떠오르면 괜히 만들어보고 싶어지는데,

4~5인분　○ 소고기 사태 2덩이(600~700g씩) ○ 소금 1Ts ○ 물 2L

○ 사과 ½개 ○ 양파 2개 ○ 청양고추 1개 ○ 당근 1개 ○ 토마토 1개(200g)

○ 사태 육수 800ml

○ 기 80g(또는 올리브유 4Ts) ○ 다진 마늘 10g ○ 다진 생강 5g

카레 양념　○ 모두의 카레 파우더 4Ts ○ 밀가루 2Ts ○ 소금·후춧가루 약간씩

버섯볶음　○ 양송이 6~7개 ○ 표고버섯 4개 ○ 버터 1Ts ○ 소금 약간

○ 고형 카레 1조각(25g)

카레라이스를 만드는 데에 최소한 반나절은 걸리기에 '오늘은 카레를 만들겠어!' 하고 각오를 다진 후 시작합니다. 모처럼 만드는, 손이 많이 가는 카레라 레시피 분량의 세 배 정도로 카레 소스를 만든 다음 4인분씩 소분해 냉동실에 보관해두고 먹고 싶을 때면 냉장고에 있는 고기나 새우, 제철 채소를 더해 푹 끓입니다.

아버지의 레시피를 오랫동안 충실하게 재현하면서 카레라이스를 만드는 가운데 향신료와 재료에 변화를 주면서 조금씩 '히데코다운' 카레라이스를 완성했습니다. 한국식 육수 내는 법을 활용해 소고기 육수를 만들고, 아버지의 레시피에 본격적인 인도 카레 조리법을 가미한 다국적 비프 카레입니다. 그렇다고 해서 아버지의 레시피를 간략하게 줄인 '간편' 카레라이스라고는 할 수 없지요. 마찬가지로 카레 소스를 넉넉하게 만들어 냉동 보관해두면 언제든지 카레라이스를 만들어 먹을 수 있으니 시간이 여유 있다면 한번 만들어보세요.

사태 삶기	1	사태에 소금을 바르고 실온에서 30분간 재웁니다.
	2	사태를 물 2L와 함께 넣고 압력솥에는 20분, 일반 냄비에는 1시간 30분 정도 삶아냅니다.
재료 손질하기	3	사과는 껍질째 벗기고 강판에 갈아줍니다.
	4	양파는 얇게 슬라이스하고 청양고추는 잘게 다져주고 당근은 껍질을 벗겨 먹기 좋은 크기로 잘라주세요.
	5	토마토는 칼집을 내 끓는 물에 살짝 데친 뒤 껍질을 벗겨 큼직하게 썰어주세요.
	6	삶아낸 사태는 크게 한입 크기로 잘라주세요.
	7	양송이와 표고버섯은 1cm 두께로 슬라이스합니다.

카레에 깊은
단맛을 내기
위해 필요한
과정이에요.

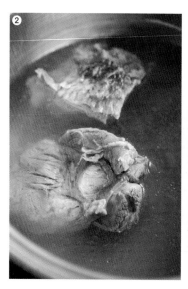

재료 볶기 8 냄비를 불에 올려 기를 녹여주세요. 다진 마늘과 생강을 넣어 향이 날 때까지 볶습니다.

 9 양파를 넣고 중불로 짙은 갈색이 될 때까지 볶아주세요.

 10 카레 파우더와 밀가루를 넣고 볶습니다.

카레 소스는 고기를 넣고 끓이기 전 12번 단계에서 소분해 냉동실에 보관해두면 필요할 때 다양한 재료를 더해 이색적이고 깊은 맛의 카레를 만들 수 있습니다.

기본 카레
소스 만들기 11 사태 육수 800ml, 간 사과, 당근, 토마토, 청양고추를 넣고 한소끔 끓이다 약한 불로 줄여 20분간 더 끓입니다.

 12 다 끓인 카레는 믹서에 넣고 갈아주세요.

13

카레 끓이기

13 믹서에 간 카레 소스에 한입 크기로
자른 사태를 넣고 약한 불로 졸이면서
소금, 후춧가루로 간을 합니다.

버섯 볶기

14 팬에 버터를 녹이고 손질한 버섯을
볶습니다. 소금으로 간해주세요.

15 버섯을 카레에 넣고 간이 심심하면 고형
카레를 넣어 완성합니다.

히데코의
Tip

버섯을 볶지 않고 그냥 넣으면 수분 맛이 강하고 그로
인해 카레가 약간 심심해지곤 합니다. 번거로우면 그냥
넣어도 상관없습니다.

여름 채소
키마(다진 고기) 카레

인도 요리인 키마 카레는 양파와 마늘, 카레 향신료를 다진 고기와 함께 볶아
만드는 카레입니다. 키마 **Keema** 는 힌디어로 '얇고 작게 저민 고기'나 '다진
고기'를 뜻합니다. 일반적으로 다진 고기로 만드는 카레를 키마 카레라고
부르며, 인도에서는 지역과 종교에 따라 사용하는 재료와 조리법이 다릅니다.

인도인은 종교 등의 이유로 양고기나 염소고기, 닭고기를 사용하지만
히데코식 키마 카레는 돼지고기를 듬뿍 넣은 샐러드 같은 카레입니다.
저는 키마 카레를 매우 좋아해 그동안 소고기와 돼지고기를 섞어 만들거나
소고기만 사용해 만들거나 인도 향신료 대신 일본 고형 카레를 더해 만드는
등 다양한 레시피를 여러 곳에 소개했습니다.

이번에는 다진 돼지고기를 카레 파우더, 고기 누린내를 없애는 데 효과적인
향신료와 함께 볶은 다음 큼직큼직하게 썬 여름 채소를 따로 볶아 섞어
만드는 방식입니다. 끈적끈적한 장마철이나 무더위가 이어지는 여름날 점심
식사로 제격이지요. 계절이 바뀌면 볶는 채소에도 변화를 주면 좋아요.

2인분　　○ 다진 돼지고기 200g ○ 가지 1개 ○ 오이 ½개 ○ 적양파 ½개 ○ 방울토마토 6개
　　　　　　○ 올리브유 1Ts ○ 다진 마늘 10g ○ 다진 생강 10g ○ 식용유

카레 양념　○ 정향 가루 ⅓ts ○ 커민 파우더 ½ts ○ 카레 파우더 1ts

　　　　　　○ 소금·간장 약간씩

재료 손질하기　　**1**　가지와 오이는 7mm 두께로 동그랗게 썰고 양파는 1cm 두께로
　　　　　　　　　채 썰어주세요.

　　　　　　　　2　오이와 양파는 볼에 담아 소금을 약간 뿌려 물기가 나올 때까지
　　　　　　　　　20분간 그대로 두세요.

　　　　　　　　3　방울토마토는 반으로 자릅니다.

> 튀기는 과정이
> 번거롭다면 팬에
> 기름을 넉넉하게 두른
> 뒤 가지를 튀기듯이
> 볶으면 됩니다.

가지 튀기기　　**4**　180°C로 달군 식용유에 가지를 넣고 갈색이 되면 건져냅니다.

카레 만들기 5 팬에 올리브유를 두르고 강불에서 다진 마늘과 생강을 향이 날 때까지 볶다 돼지고기를 넣고 볶습니다.

6 중불로 줄인 뒤 카레 양념을 넣고 볶아줍니다.

7 고기가 갈색이 되면 물기를 짠 오이와 양파, 토마토, 튀긴 가지를 넣고 볶아줍니다.

8 간장과 소금으로 간해 완성합니다. •

현미밥에 특히 잘
어울리는 아주
맛있고 건강한
카레입니다.

치킨 카레와
사프란 라이스

닭고기만 푹 익혀 만드는 카레라이스입니다. 뼈가 그대로 붙어 있는 닭다리살을 넣어 익히기 때문에 육수를 따로 내지 않아도 닭고기에서 충분히 육수가 우러나옵니다. 마지막에 고형 카레를 넣기도 하지만 처음에 인도풍으로 넉넉한 양의 양파와 마늘 등의 향신 채소를 볶을 때 히데코식 혼합 향신료를 더하면 카레 특유의 구수한 향이 퍼집니다. 거기에 조금 더 공을 들이려면 카레에 곁들이는 밥에 사프란 또는 강황 가루를 더해 지어보세요. 평범한 카레가 정통 인도식 카레로 순식간에 변신합니다.

4인분   ○ 닭다리살 600g ○ 소금·후춧가루·올리브유 약간씩

○ 양파 1개 ○ 토마토 1개 ○ 올리브유 2Ts
○ 다진 마늘 10g ○ 다진 생강 10g ○ 다진 셀러리 ½줄기 분량

○ 버터 10g ○ 물 600ml ○ 월계수 잎 2장

카레 양념 ○ 카레 파우더 2Ts ○ 커민 파우더 1ts ○ 가람 마살라 파우더 ½ts ○ 칠리 파우더 1ts

○ 고형 카레 2조각(50g) ○ 소금 ½Ts

사프란 라이스 ○ 쌀 2컵 ○ 사프란 약간 ○ 버터 10g ○ 월계수 잎 1장
○ 소금·후춧가루 약간씩 ○ 물 360~380ml

재료 손질하기	1	닭다리살은 칼집을 내고 소금과 후춧가루, 올리브유로 재워둡니다. 카레 양념은 섞어두세요.
	2	양파는 얇게 채 썰고 토마토는 잘게 자릅니다.
재료 볶기	3	달군 냄비에 올리브유를 두르고 양파가 갈색이 될 때까지 서서히 볶아요.
	4	다진 마늘과 생강, 셀러리를 더해 볶아줍니다.
	5	버터와 재워둔 닭다리살을 더해 볶다 카레 양념을 넣습니다.

카레 끓이기   **6**   토마토를 더하고 물 600ml와 월계수 잎을 넣고 끓입니다.

                   7   한소끔 끓으면 거품을 제거한 후 뚜껑을 덮고 20분간 졸입니다.

                   8   약간 걸쭉해지면 고형 카레를 넣고 완성합니다. 부족한 간은
                       소금으로 하세요.

사프란 라이스   **1**   쌀은 씻어 30분간 물기를 빼주세요.
만들기
            2   씻은 쌀을 밥솥에 넣고 나머지 재료도 함께 얹어 밥을 짓습니다.

            3   밥이 다 되면 월계수 잎을 건져내고 고루 섞어주세요.

베지 카레

"카레라이스에는 역시 고기가 들어가야 해. 그것도 소고기!"
어떤 카레라이스를 좋아하는지, 카레는 어떻게 만드는 게 맛있는지 등 저마다 솜씨를
자랑하는 대화가 한껏 무르익다 보면 반드시 누군가가 이렇게 말합니다. 확실히 저도
어릴 적부터 카레라이스에는 당연히 고기가 들어 있어 지금까지도, 특히 아이들에게
카레라이스를 만들어줄 때에는 망설임 없이 소고기를 듬뿍 넣어 카레를 끓입니다.

하지만 최근 나이가 들어 입맛도 변하고, 소화에 좋은 식재료나 조리법을 자연스럽게
추구하면서 카레라이스도 채소 위주로 담백하게 만들게 되었어요. 냉장고나 찬장에는
제철 채소가 항상 있으니 콩이나 다시마, 말린 표고버섯 등으로 국물을 낸 카레를
만들거나 각종 향신료를 섞는 등 히데코식 채소 카레를 자주 만들어 먹고 있습니다.

최근 몇 년 사이에 세계적으로 환경 문제나 건강과 관련해 비건, 베지테리언을
추구하는 등 육식을 줄이는 경향이 두드러지는데, 카레의 발상지인 인도에는 원래
종교적인 이유로 고기를 넣지 않는 카레가 많습니다. 인도의 녹두나 병아리콩, 렌틸콩
카레에서 힌트를 얻어 채소만으로는 아쉬운 식감과 영양소를 더하기 위해 콩을 넣어
푹 끓입니다. 봄과 여름에는 신선한 제철 콩을, 가을과 겨울에는 물에 충분히 불린
말린 콩을 사용합니다. 카레에 더하는 채소나 향신료에 따라 다양한 콩을 사용하다
보면 카레 만들기가 더욱 즐거워집니다.

3~4인분   ○ 생콩 100g ○ 파프리카 1개 ○ 당근 1개 ○ 주키니(또는 애호박) ½개 ○ 가지 2개
○ 양파 1개 ○ 토마토 3개 ○ 올리브유 3Ts ○ 물 400ml

○ 카레 파우더 3Ts ○ 청주 3Ts ○ 다시마 가루 1Ts ○ 간장 1Ts

재료 손질하기   **1**   파프리카는 꼭지와 씨를 제거하고 당근은 껍질을 벗기고
주키니와 가지는 꼭지를 떼어낸 뒤 모두 가로세로 1.5cm 주사위
모양으로 자릅니다.

2   양파와 토마토도 같은 모양으로 잘라줍니다.

재료 볶기   **3**   냄비에 올리브유를 두르고 양파를 볶은 뒤 양파의 달콤한 향이
나면 토마토를 뺀 모든 채소를 넣고 중불로 5분간 볶아줍니다.

카레 끓이기   **4**   카레 파우더를 넣고 섞은 후 청주를 더하고 물 400ml를 부은 뒤
한소끔 끓으면 약한 불로 줄여주세요.

                   5   토마토와 생콩, 다시마 가루를 넣고 뚜껑을 덮어 약한 불로
15분간 졸입니다.

                   6   간장으로 간해 완성합니다.

카레는 일설에 의하면 인도 남부 지역의 타밀어로 '국물'을 의미하는 카리Kari에서
유래했다고 합니다. 그 외 카레의 어원에 대해서는 힌디어로 '향기 진한 것'이라는
의미의 타카리Turcarri 등 다양한 설이 있지만 확실한 사실은 알려지지 않았습니다.

인도에서는 일반적으로 터메릭이나 커민, 카다몬 등의 향신료로 양념한 국물 요리를
흔히 카레라고 부릅니다. 향신료는 요리에 그대로 뿌려 더하기도 하지만 보통 여러
종류의 향신료를 미리 섞어 맷돌 등에 갈아 사용합니다. 마살라라고 부르는 이 혼합
향신료는 옛날 인도에서부터 음식을 만들 때 빼놓을 수 없는, 한국의 '갖은 양념'과도
같은 존재입니다.

인도에는 '아유르베다Ayurveda'라는 5000년 전부터 내려온 전승 의학이 존재하는데,
최근 들어 건강 관리를 위한 사상의 일종으로 세계적으로 주목을 받고 있습니다.
아유르Ayur(생명)와 베다Veda(지혜, 과학)의 합성어로 '생명 의학'이라 해석할 수 있는
아유르베다는 질병을 치료할 뿐만 아니라 인간이 태어나서 죽을 때까지 어떻게 해야
육체적, 정신적으로 건강하게 살아갈 수 있을지를 가르치는 학문입니다. 건강의 균형을
회복시키기 위해 향신료 등 천연 약초를 이용해 치료하는 아유르베다에 기초하고 있기
때문에 인도 식생활에는 향신료가 많이 사용됩니다.

인도에서 탄생한 카레는 400년이라는 시간 여행, 4만 킬로미터라는 공간 여행을
펼치며 전 세계로 널리 퍼져 나갔습니다. 한국에서 친숙하게 접할 수 있는 카레
파우더도 전 세계를 돌고 돌아 여러분의 입에 들어오게 된 것입니다.
이번 Part 2에서는 인도 카레를 비롯해 카레를 즐겨 먹는 나라의 요리법을
히데코식으로 변형한 카레 레시피를 소개합니다.

세계의
카레

무굴식 치킨 카레

인도는 인구 13억 명, 29개 주와 7개 연방직할지로 이루어진 연방공화국입니다.
아리아족과 드라비다족 등으로 구성된 다민족 국가이며, 공용어는 힌디어와 영어이나
20개 이상의 언어로 구성된 다국어 국가이기도 합니다. 종교는 대다수가 힌두교이며
이슬람교와 기독교, 불교, 시크교 등이 혼재하는 다종교 국가로 각각의 고유 문화가
뚜렷하게 남아 있는 엄청나게 규모가 큰 나라입니다. 음식 문화도 지역마다 다른데
인도 북부 무굴 지방의 카레는 인도의 대표적인 카레입니다.

인도 북부 요리는 이슬람 왕조인 무굴 제국Mughal Empire 주방에서 탄생한
중앙아시아와 페르시아 영향을 받은 고급 무굴 요리와 인도 제일의 곡창 지대이자
양질의 유제품 산지인 펀자브Punjab 요리, 맵고 맛이 진한 산악 지대 카슈미르Kashmir
요리 등으로 크게 분류합니다.

주식은 밀가루로 만드는 난Naan이나 차파티Chapati, 파라타Paratha 등이 주를 이룹니다.
카레는 양고기나 닭고기를 사용하고 캐슈너트나 아몬드 등 견과류에 크림이나 기Ghee
등을 더해 맛을 진하게 내며 화덕에서 구워 완성하는 탄두르 요리가 명물입니다.

무굴식 치킨 카레는 한국에서도 쉽게 구할 수 있는 향신료를 배합해 카레 파우더를
만들고, 기 대신에 올리브유를 사용해 현지의 치킨 카레보다 담백한 맛으로
완성했습니다. 밥을 곁들여도 상관없지만 꼭 차파티와 함께 먹어보세요.

4인분	○ 닭다리살 400g ○ 적양파 1개 ○ 토마토 1개(150g)
	○ 올리브유 4Ts ○ 다진 마늘 5g ○ 다진 생강 5g
	○ 다진 고수 뿌리와 줄기 2Ts ○ 요구르트 200ml ○ 물 200ml

| 카레 양념 | ○ 커민 파우더 1ts ○ 레드 칠리 파우더 1ts ○ 코리앤더 파우더 2ts |
| | ○ 터메릭 파우더 ¼ts ○ 소금 2ts |

재료 준비하기	1	닭고기는 한입 크기로 잘라주세요. 카레 양념은 미리 섞어둡니다.
	2	양파는 결 반대 방향으로 얇게 채 썰고 토마토는 굵게 다집니다.
재료 볶기	3	냄비에 올리브유를 두르고 강불에 양파를 노릇하게 볶아주세요.
	4	다진 마늘과 생강을 더해 약한 불에 볶다가 다진 고수와 토마토를 넣고 다시 강불에 볶아주세요.

카레 끓이기	5	요구르트를 더해 약한 불에서 섞다가 카레 양념을 넣고 다시 강불로 한소끔 끓인 후 중불에 1분간 끓여주세요.
	6	닭고기를 넣어 강불에 2분 정도 볶고 물 200ml를 부어주세요. 닭고기 색이 하얗게 되면 중약불로 끓입니다. •
	7	뚜껑을 덮고 약한 불에 7분 정도 끓여 완성합니다.

물이 부족하다 싶으면 더 넣어도 됩니다.

녹두 카레

남인도식 뭉달 카레

인도는 80%가 힌두교도로 구성되어 소고기를 먹지 않습니다. 같은 힌두교도 중에도 종파에 따라 소고기 외에는 뭐든 먹거나, 소고기뿐만 아니라 모든 육류는 일절 먹지 않거나, 육류는 물론이고 생선도 먹지 않고 채소만 먹거나, 채소 중에서도 근채류는 먹지 않는 등 다양한 형태가 존재하며 과연 먹을 수 있는 음식이 있는 걸까 싶을 정도로 금기가 많은 종파도 있다고 합니다. 이렇듯 인도의 채소 중심 식생활에서 콩은 귀중한 단백질원입니다. 인도 요리에서는 다양한 종류의 콩을 매우 많이 사용하죠.

동물성 단백질 못지 않게 콩을 단백질원으로 삼는다는 점에서 한국 요리와 비슷한 점도 있습니다. 인도에서는 콩을 '달'이라고 부릅니다. 여기서는 뭉달Moong Dal, 즉 녹두를 사용하지만 렌틸콩으로 대체해도 맛있습니다. 질감은 한국의 녹두죽과 비슷한 느낌이지만 인도에서는 누구나 좋아하는 카레로, 우리의 된장국과 같은 존재입니다. 콩을 뭉근하게 익힌 다음 향신료와 기름을 끓여 마지막에 두르는 '타르카Tarka(템퍼링)'라는 조리법을 사용해 녹두 카레의 향과 맛에 깊이를 더합니다.

4인분 ○ 녹두 또는 렌틸콩 1컵 ○ 마늘 2쪽 ○ 토마토 1개(200g) ○ 양파 ½개
○ 소금 약간 ○ 물 200ml

카레 양념 ○ 커민 파우더 1ts ○ 레드 칠리 파우더 ½ts ○ 터메릭 파우더 ¼ts ○ 소금 1ts

타르카 재료 ○ 올리브유 1Ts ○ 말린 고추 1개 ○ 커민시드 1ts ○ 버터 20g ○ 양파 ½개

녹두가 냄비 바닥에
눌어붙지 않게 나무
주걱으로
잘 저어주세요.

재료 준비하기　　1　녹두는 물로 가볍게 씻은 뒤 냄비에 담고 녹두 양보다
2cm 높게 물을 부어 중불에 끓입니다. 카레 양념은
미리 섞어둡니다.

　　　　　　　　2　마늘은 잘게 다지고 토마토와 양파는 굵게 다집니다.

카레 끓이기	3	녹두가 끓어오르면 약한 불로 줄여 카레 양념을 넣고 다진 마늘과 토마토를 넣어 끓이세요.
	4	너무 졸아들지 않게 중간중간 물을 조금씩 부어가면서 끓여주세요.
	5	녹두를 손으로 눌러 부드럽게 으깨지면 불을 끄고 소금과 물 200ml를 더합니다.
타르카 만들기	6	작은 팬에 올리브유와 말린 고추, 커민시드를 넣고 약한 불에 타지 않게 가열하다 버터와 다진 양파를 넣고 볶아주세요.
	7	양파가 연한 갈색이 되면 녹두를 끓인 냄비에 넣고 약한 불로 5분간 졸입니다.

간이 부족하면 소금을
더 넣으세요. 녹두는
금방 불어 물이 졸아들
수 있으니 중간중간
확인하세요.

3

전갱이 쿠람부 남인도식 생선 카레

향신료를 직접 배합해 만드는 카레의 묘미는 주재료나 함께 먹는 다른 카레, 날씨나 몸 상태에 따라 향신료의 배합을 조절하면서 그때그때 최고로 잘 어울리는 맛을 낼 수 있다는 점이라고 생각합니다.

전갱이 쿠람부(Kuzhambu, 남인도식 산미가 강한 카레)는 무더운 날에도 밥이 계속 들어가는, 여름에 먹고 싶은 카레입니다. 인도 동남부에서도 전통 요리가 많은 스리랑카에 인접한 타밀나두Tamil Nadu주에서 흔히 만들어 먹습니다. 인도 남부는 내륙에서 아라비아해까지 포함하는 상당히 넓은 지역으로, 종교 또한 힌두교는 물론이고 기독교와 이슬람교까지 혼재되어 음식 문화도 다양합니다. 인도 남부 지역의 주식은 쌀이며 유제품보다도 코코넛밀크나 타마린드를 자주 사용합니다.

전갱이 쿠람부는 주재료인 전갱이가 돋보이도록 매운맛과 단맛이 나면서 생선 비린내를 없애는 데 효과적인 향신료를 선택했습니다. 또 동남아시아 요리로도 친숙한 타마린드로 신맛을 더해 생선 카레를 상큼하게 마무리했습니다. 참고로 닭고기 등 육류 카레를 만들 때 기본으로 사용하는 노릇노릇하게 볶은 양파는 생선 카레에는 어울리지 않습니다. 양파는 강불에 튀기듯이 가볍게 볶는 것이 포인트입니다.

보통 인도 카레는 막 완성했을 때 가장 맛있다고들 하지만 생선 카레만큼은 2~3시간 재워야 전갱이 맛이 국물에 녹아들면서 향신료 풍미도 균형이 잡힙니다. 병어나 고등어조림도 한김 식힌 후 더 맛있다고 느껴지는 것은 저뿐일까요?

4인분 ○ 전갱이 1마리 ○ 양파 1개(200g) ○ 토마토 2개(400g) ○ 풋고추 3개 ○ 올리브유 150ml

○ 마늘생강 페스토 2Ts(마늘 1 : 생강 1.5 비율로 약간의 물과 함께 믹서에 갑니다)+물 2Ts
○ 타마린드 30g+물 150ml ○ 소금 2ts ○ 물 300ml

카레 양념 Ⓐ ○ 머스터드시드 1ts ○ 펜넬시드 ½ts ○ 페뉴그리크시드 ½ts ○ 카레 잎 2g
　　　　　Ⓑ ○ 터메릭 파우더 1ts ○ 레드 칠리 파우더 ½Ts ○ 코리앤더 파우더 2Ts

○ 다진 고수 약간 ○ 소금 ½Ts

재료 준비하기　**1**　전갱이는 먹기 좋게 손질된 것으로 준비해 크게 토막 냅니다.

　　　　　　　　2　양파는 1.5cm 두께로 채 썰고 토마토는 굵게 다지고 풋고추는 곱게
　　　　　　　　　　다져주세요.

　　　　　　　　3　타마린드는 미지근한 물에 녹이고 씨를 제거합니다.

재료 볶기   **4**   냄비에 올리브유를 두르고 강불로 달군 뒤 카레 양념 Ⓐ의 펜넬시드와
머스터드시드를 넣고 익힙니다. 머스터드시드가 통통 튈 때쯤
페뉴그리크시드와 손으로 부순 카레 잎을 더합니다.

                 5   채 썬 양파와 소금 2ts을 넣고 강불에서 볶고 양파가 갈색이 되면
마늘생강 페스토와 물 2Ts을 넣습니다.

카레 끓이기   6   토마토를 더해 강한 불로 끓이고 양념 ⑧의 터메릭 파우더와 레드 칠리
파우더를 더해 졸이면서 물 300ml를 두 번에 나누어 붓습니다.

7   코리앤더 파우더를 넣고 약한 불에 계속 젓다가 타마린드 녹인 물
150ml를 붓고 물이 부족하면 물 200ml를 더 부어 강불로 졸이다 다진
풋고추를 더해줍니다.

8   전갱이를 넣고 한소끔 끓이다 뚜껑을 덮고 약한 불에 5분 정도
졸입니다.

9   먹기 직전에 다진 고수를 넣고 부족한 간은 소금으로 하세요.

양고기 카레   동인도식 카레

큰 하천이 많아 민물 생선을 사용한 요리가 발달한 인도 동부 지역은 쌀을 주식으로
삼는 등 한국이나 일본의 식문화와 비슷한 특징이 있습니다. 이슬람 국가인
방글라데시와 국경을 접하고 있는 서벵골주는 원래 방글라데시와 잇닿아 동일한
문화권을 공유하고 있으며 일반적으로 이곳 요리를 총칭해 벵골Bengal 요리라 합니다.
인도에서는 드물게 서양의 코스 요리처럼 전채와 메인, 디저트 등 순서대로 요리를
제공하는 관습이 있습니다.

또 히말라야 산맥에 가까운 아삼Assam이나 나갈랜드Nagaland 등 인도 북동부에는
티베트계와 네팔계, 몽골계 등 소수 민족이 살고 있어서 발효 식품이나 찐만두 등
그외의 인도 지역과는 다른 요리를 많이 볼 수 있습니다. 이들 지역의 대표적인
음식인 양고기 카레는 원래 생후 2년 이상, 7년 미만인 양고기 '머튼Mutton'을
사용하지만 한국에서는 머튼을 구하기 어려우므로 램Lamb을 사용한 레시피를
소개합니다.

한국에서 양꼬치나 램찹스테이크는 흔히 먹지요. 하지만 '카레에 양고기를?' 하면서
저항감을 느끼는 사람도 있을지 모르겠습니다. 하지만 일단 끓이기 전에 미리 소금과
후춧가루로 간을 한 양고기를 프라이팬에서 충분히 노릇노릇해질 때까지 구운 다음
향신료를 더해 뭉근하게 익히면 양고기 특유의 누린내가 느껴지지 않습니다.

3인분 ○ 양고기 알목심 300g ○ 소금·후춧가루 약간씩 ○ 양파 1개 ○ 가지 2개 ○ 고수 5줄기
○ 다진 마늘 10g ○ 다진 생강 10g ○ 올리브유 3Ts

카레 양념 Ⓐ ○ 다진 토마토 2개(400g) ○ 토마토 페이스트 1Ts ○ 화이트 와인 50ml
Ⓑ ○ 코리앤더 파우더 1ts ○ 커민 파우더 1ts ○ 레드 칠리 파우더 1ts ○ 피시소스 2Ts

재료 준비하기 **1** 양고기는 5mm 두께로 얇게 썰고 소금, 후춧가루를 뿌립니다.

2 양파는 세로로 8~10등분하고 가지는 1cm 두께로 동그랗게 자른 뒤
물에 5분 정도 담급니다. 고수는 줄기까지 다져주세요.

가지는 아린맛을
없애기 위해
소금물에 담가두면
더욱 좋습니다.

재료 볶기	3	냄비에 올리브유 1Ts을 두르고 다진 마늘과 생강을 약한 불에 볶습니다.
	4	향이 나면 양고기를 넣고 중불에 겉만 갈색으로 구운 뒤 다른 그릇에 옮겨 담습니다.
	5	양고기를 덜어낸 팬에 나머지 올리브유를 두르고 양파를 볶은 뒤 가지를 넣어 부드러워질 때까지 중불에 볶습니다.
카레 끓이기	6	양고기를 다시 넣은 다음 카레 양념 Ⓐ를 더해 한소끔 끓입니다.
	7	카레 양념 Ⓑ를 넣고 섞은 후 뚜껑을 덮고 약 10분간 약한 불에 졸입니다.
	8	줄기까지 다진 고수를 넣고 한소끔 끓여 완성합니다.

시금치 카레

힌두교도의 비율이 높은 인도 북부 펀자브Punjab 지방의 대표적인 카레입니다.
시금치와 파니르Paneer라고 불리는 흰 치즈가 들어가는 채식 카레에 속합니다.
달 카레와 마찬가지로 채식 요리로 인도 전역은 물론이고 전 세계에 널리 퍼져
있으며, 다양한 형태가 존재합니다. 인도 북부 요리이므로 밥보다 난이나 차파티가
어울립니다.

만드는 방법도 간단! 시금치의 강한 떫은맛을 커민으로 지우고, 풋고추로 매운맛을
냅니다. 시금치는 수분으로 찌듯이 볶아 익힌 다음 믹서에 갈아 페이스트 상태로
만들기 때문에 카레를 끓이는 시간은 불과 10분 정도. 저도 시금치가 맛있는 겨울이
되면 자주 만드는, 매우 좋아하는 인도 카레 중 하나입니다.

4인분

<u>시금치 퓌레</u> ○ 시금치 300g ○ 풋고추 2개 ○ 물 200ml ○ 소금 ½ts

○ 양파 1개 ○ 토마토 2개(400g) ○ 고수 4줄기
○ 페타 치즈 200g ○ 다진 마늘 10g ○ 다진 생강 10g
○ 올리브유 2Ts ○ 청주 2Ts

<u>카레 양념</u> ○ 레드 칠리 파우더 1ts ○ 코리앤더 파우더 1ts ○ 커민 파우더 1ts
○ 가람 마살라 파우더 1ts ○ 소금 1ts

재료 준비하기	1	시금치는 깨끗이 씻은 후 3cm 길이로 자릅니다.
	2	양파는 결대로 얇게 썰고 토마토는 굵게 다집니다. 풋고추는 송송 썰고 고수는 다져주세요.
	3	페타 치즈는 1.5cm 정사각형으로 잘라주세요. 카레 양념은 미리 섞어 준비합니다.
시금치 퓌레 만들기	4	냄비에 물 100ml를 넣고 송송 썬 풋고추와 시금치를 볶습니다. 소금 ½ts을 더해 뚜껑을 덮어 약한 불에서 5분간 찌듯이 익히세요.
	5	믹서에 넣고 부드러운 퓌레 상태가 되도록 갈아주세요.

재료 볶기　　**6**　냄비에 올리브유를 두른 뒤 다진 마늘과 생강을 넣고 중불에서 향이
　　　　　　　　날 때까지 볶습니다.

　　　　　　7　양파를 더해 갈색이 나도록 볶고 토마토, 청주를 넣어요.

카레 끓이기	8	한소끔 끓으면 카레 양념을 넣고 뚜껑을 덮어 약한 불에 5분간 졸입니다.

8 한소끔 끓으면 카레 양념을 넣고 뚜껑을 덮어 약한 불에 5분간
   졸입니다.

9 시금치 퓌레를 더해 5분간 더 끓이세요. 중간에 농도를 봐가며 물 양이
   부족하면 조금 더 넣어주세요.

10 페타 치즈 100g을 넣고 약한 불에 살짝 졸입니다.

11 그릇에 담고 남은 페타 치즈 100g을 얹은 뒤 다진 고수를 뿌려주세요.

런던 카레

대학 시절, 독일에 교환 학생으로 가 1년간 있으면서 영국의 스트랫퍼드어폰에이번Stratford-upon-Avon이라는 작은 도시에 영어 공부를 하러 간 적이 있습니다. 그때 가끔씩 한숨 돌리기 위해 찾아간 런던 길모퉁이에서 포트넘 앤 메이슨Fortnum & Mason을 발견했지요. 대영제국이 시작된 시기와 동일한 1707년에 설립된 고급 식료품점으로 300년 이상의 역사를 자랑하며, 현재도 런던에서 최고급 왕실 납품 백화점으로 전 세계 관광객을 모으고 있습니다.

당시에는 대학생, 그것도 부모님께 받은 용돈으로 생활하는 입장이었기 때문에 이 백화점의 식품 매장에 가서 몇 번이고 가격을 확인한 후 홍차 캔 2개에 찻잔을 딱 한 세트만 구입했습니다. 1년간 쌓인 유학 생활의 짐은 상당히 무거웠지만 포트넘 앤 메이슨의 찻잔만큼은 깨지지 않도록 꼭 안아들고 히드로 공항으로 향했던, 지금도 그리운 추억이 있습니다.

그건 그렇고, 대영제국은 18세기 세상을 주도했습니다. 세계의 패자로 군림하던 영국은 국내에서도 현대 산업화의 싹이라고 할 수 있는 '대중 소비 사회'를 맞이합니다. 그런 영국에 상륙한 카레는 시대의 흐름을 타서 시민의 식탁에 침투합니다. 그리고 19세기 초, 인도에서 돌아온 사람이 가져온 향신료나 마살라에 주목해 제품화한 회사가 바로 C&B입니다. C&B사는 에드먼드 크로스(C)와 토머스 블렉웰(B)이라는 두 사람이 창업한 회사로 식품 판매와 케이터링 사업 등을 했으며 그때 인기를 끈 것이 카레 요리였습니다. 그들이 배합한 'C&B 카레 파우더'는 착실하게 영국의 식생활 속에 정착하면서 상류층 틈새까지 파고들었습니다.

당연히 18세기 초부터 이미 영업을 시작한 포트넘 앤 메이슨의 메뉴에도 카레 파우더를 사용한 요리가 조금씩 늘어갔습니다. 또 C&B사 등 영국산 카레 파우더는 메이지 시대의 일본 식문화에도 큰 영향을 미쳤으니 현재 일본 카레의 원조라고 해도 과언이 아닙니다.

학생 시절에 만난 포트넘 앤 메이슨. 수년 전, 그때로부터 30년이 지나 남편과 찻집에서 아주 맛있는 카레 파우더가 들어간 샌드위치와 병아리콩 카레를 먹고 여행의 좋은 추억으로 삼은 기억이 있습니다. 대영제국 시대의 다양한 음식 문화가 혼합된 영국 카레는 원조인 인도 카레보다 만드는 법이 복잡합니다. 영국인이 만드는 카레는 처트니가 듬뿍 들어가 과일의 단맛이 미각을 감싸면서도 매콤한 뒷맛이 느껴집니다. 카레 소스는 찰진 느낌인 것이 특징이지요.

이 병아리콩 카레 레시피는 제 추억의 맛을 포트넘 앤 메이슨의 요리책으로 재현한 것입니다. 물에 불린 병아리콩을 홍차에 삶을 때는 기왕이면 포트넘 앤 메이슨의 '잉글리시 브렉퍼스트 티'를 사용하면 더 기분이 나겠지요. 하지만 허브 향기가 섞이지 않은 기본 홍차 잎을 써도 좋습니다. 우롱차나 보이차에 익혀도 무방합니다. 밥보다 바게트를 곁들여보시길!

4인분 ○병아리콩 300g ○잉글리시 브렉퍼스트 티백 2개 ○카다몬 1개
○양파 2개 ○기 2Ts ○다진 마늘 40g ○다진 생강 40g

카레 양념 Ⓐ ○커민 파우더 2Ts ○정향 6알 ○시나몬 스틱 2개 ○월계수 잎 2장
Ⓑ ○흰 후춧가루 1ts ○펜넬시드 1ts ○커민 파우더 1ts ○코리앤더 파우더 1ts
○터메릭 파우더 1ts ○레드 칠리 파우더 1Ts ○소금 1ts
Ⓒ ○토마토 페이스트 1ts ○다진 토마토 400g ○콩 삶은 물 500ml

○망고 처트니 1Ts ○다진 고수 4줄기 ○라임즙 ½개 분량 ○소금 약간

병아리콩 삶기 1 병아리콩은 3배 분량의 물을 부어 한나절 정도 불립니다.

2 불린 병아리콩은 깨끗이 씻어 냄비에 콩과 물, 홍차 티백, 카다몬을
넣고 불에 올립니다.

3 한소끔 끓기 시작하면 거품을 제거하며 중약불에 1시간 정도 삶아요.

4 콩이 부드러워지면 티백을 건져내고 체에 건져 식힙니다. 콩 삶은
물은 따로 담아둡니다.

재료 손질하기 5 양파는 대충 잘라 믹서에 갑니다. • ⸱⸱⸱ 믹서가
번거로우면
강판에 갈아도
좋아요.

카레 양념

118

6   냄비에 기를 녹이고 카레 양념 Ⓐ를 넣고 중불에 20초간 볶습니다.

7   다진 마늘과 생강을 넣고 향이 나면 간 양파를 더해 10분 정도 갈색이 되지 않게(하얗게) 볶습니다.

8   카레 양념 Ⓑ를 냄비에 넣고 계속 중불에 3분간 볶습니다.

카레 끓이기   **9**   카레 양념 ⓒ를 넣고 3분간 더 볶다가 콩 삶은 물 500ml를 넣고 30분 정도 수분이 졸아들 때까지 끓입니다.

                           10   소금과 망고 처트니로 간을 합니다.

                           11   다진 고수와 라임즙은 먹기 직전에 뿌립니다.

● 그린 카레 페이스트(300g 분량)

○ 청양고추 100g ○ 풋고추 200g ○ 고수 뿌리 35g ○ 마늘 75g ○ 적양파 50g
○ 갈랑가 35g ○ 레몬그라스 125g ○ 라임 1개 ○ 흰 후춧가루 10g ○ 새우 페이스트 35g
○ 소금 7.5g ○ 커민 파우더 15g ○ 코리앤더 파우더 15g

모든 재료를 믹서에 넣고 갈아주세요.

타이 소고기 그린 카레

해외여행의 큰 즐거움 중 하나가 바로 그 나라의 식문화를 체험하는 것이지요.
레스토랑과 술집을 순례하는 것도 재미있지만 저는 반드시 현지인이 운영하는
요리 교실을 찾아갑니다. 특히 관광객이 많은 태국에는 외국인을 위한 요리 교실이
잘 갖춰져 메뉴나 시간대를 폭넓게 선택할 수 있습니다.

결혼 후 온 가족이 함께 여행을 가장 많이 간 나라는 아마 태국일 것입니다. 체류할
때면 태국 요리 트렌드를 알기 위해 방콕 거리에 있는 인기 레스토랑에도 한 번쯤
발길을 옮기지만 요리 교실만큼은 방콕에서 항상 머무르는 호텔의 태국 요리
레스토랑의 총주방장이나 지배인에게 큰마음을 먹고 레슨을 부탁합니다.

다행히 오후 휴식 시간에 개인 레슨이라면 좋다는 허락을 받아 수년 전부터 평소
요리하기에 그다지 흥미를 보이지 않는 남편과 함께 태국 요리 풀 코스 특훈을 받고
있습니다. 코로나19 소용돌이의 시대가 도래하면서 이제 언제쯤 다시 갈 수 있을까
싶은 마음으로 비장의 태국 카레 레시피를 공개합니다.

태국의 카레 켕Kaeng에는 인도의 마살라 같은 혼합 향신료를 사용하지 않습니다. 크록Khrok이라고 불리는 돌절구와 절굿공이로 생고추, 마늘, 갈랑가(Galangal, 태국 생강), 험댕(Hom Daeng, 태국의 작고 붉은 양파), 고수 뿌리, 레몬그라스, 카피(Kapi, 새우 소금 절임을 페이스트로 만든 조미료) 등을 정성스럽게 갈아 카레 페이스트를 만듭니다.

인도의 마살라와 마찬가지로 카레 페이스트의 맛은 가정마다 천차만별로, 켕에는 향신료의 조합에 따라 그린, 레드, 옐로 등 다양한 종류가 있습니다.
여기서 소개하는 방콕 쉐라톤 호텔 레시피는 그린 카레(깽 끼에 완)입니다.
그린 카레에는 보통 닭고기를 넣지만 이번에는 소고기 필레를 얇게 저며 사용합니다.
하지만 고기 종류보다도 이 레시피의 포인트는 그린 카레 페이스트입니다. 재료 중 하나인 갈랑가는 쉽게 구할 수 없으니 생강 등 한국 재료로 대체해보세요. 현지에서 먹은 셰프의 페이스트보다 조금 맛이 부드럽지만 시판하는 화학조미료 풍미가 강한 카레 페이스트보다 몇 십 배는 더 맛있을 것입니다.

5인분 ○ 소고기 안심 400g ○ 가지 2개 ○ 그린 카레 페이스트 100g
○ 올리브유 1Ts ○ 코코넛밀크 400g
○ 소금 약간

카레 양념 ○ 카피르라임 잎 4장 ○ 팜슈거 1½Ts ○ 피시소스 1½Ts

<u>고명</u> ○ 채 썬 홍고추 2개 분량 ○ 타이바질 ¼컵

재료 준비하기	1	소고기는 얇게 슬라이스해 소금으로 간합니다.
	2	가지는 먹기 좋은 두께로 동그랗게 잘라주세요.
재료 볶기	3	냄비에 올리브유를 두르고 달군 뒤 중불에 그린 카레 페이스트를 넣어 볶습니다.

카레 끓이기	4	향이 나면 불을 줄여 코코넛밀크 200g을 넣고 표면에 기름이 뜰 때까지 살짝 끓입니다.
	5	소고기와 카피르라임 잎을 넣고 3분 정도 졸여주세요.
	6	냄비에 옮겨 담고 남은 코코넛밀크 200g을 더해 중불에 끓입니다.
	7	팜슈거와 피시소스를 넣고 간을 맞춰주세요.
	8	가지를 넣고 익을 때까지 졸여주세요.
	9	불을 끈 뒤 홍고추와 타이바질을 얹어 마무리합니다.

베트남 풍미 소고기와
토마토 카레

동선Dong Son 문화는 베트남을 대표하는 청동기·철기 시대 문화로 주변 지역에 막강한
영향력을 미쳤습니다. 베트남은 이후 1000년에 걸친 중국의 지배와 19세기 프랑스의
식민 통치를 거치며 양국의 영향을 받으면서도 독자적인 문화와 민족의 정체성을
지켜왔습니다.

동선 문화 탄생지인 북부의 송코이Songcoi강이나 남부의 메콩Mekong강 유역에 풍성한
곡창 지대를 보유하고 있으며, '세계 3대 요리'로 꼽히는 중국 요리와 프랑스 요리의
뛰어난 장점을 탐욕스럽게 도입했습니다. 예를 들어 젓가락을 사용하거나 주식 및
반찬을 밥에 뒤섞지 않고 따로따로 먹는 것은 중국에서 전해진 식습관이며
중국 요리와 비슷한 모양새의 음식도 많지만 기름기를 좋아하지 않고 담백하면서
섬세한 맛을 내는 것은 베트남 고유의 식문화입니다.

한국 사람들이 태국 요리보다 베트남 요리가 먹기 편안하다는 말을 하는 것도
그 때문이지 않을까요?

양념으로는 태국 요리와 마찬가지로 피시소스인 느억맘Nuoc Mam과 레몬그라스가
필수입니다. 프랑스 영향으로 바게트와 커피를 즐기는 습관이 있는 베트남에는
채소나 중국식 햄 등의 재료를 느억맘으로 맛을 낸 다음 바게트에 끼워 먹는 독자적인
식문화가 형성되었으며 그 대표적인 음식이 반미입니다.

베트남 요리 하면 대부분의 사람들은 쌀국수인 포를 떠올립니다. 남북으로 긴 모양을
한 베트남은 지역성과 풍토가 달라 요리와 맛내기에도 큰 차이를 보이지요. 혹시
베트남 사람들도 카레를 흔히 먹는다는 사실을 알고 계셨나요? 대표적인 카레는
닭고기에 코코넛밀크와 레몬그라스, 느억맘으로 맛을 내고 고구마를 더하지만
여기서는 깔끔하고 맑은 형태의 레시피를 소개합니다. 키마 카레처럼 고기와 채소를
카레 맛이 나도록 볶은 음식도 흔하게 볼 수 있어 이 두 가지 만드는 방법을 참고해
토마토와 소고기를 더해 깔끔하게 마무리했습니다. 밥도 좋지만 프랑스식 바게트를
곁들여 먹어보세요!

2인분   ○ 소고기(불고기용) 200g

고기 양념 ○ 카레 파우더 1Ts ○ 청주 2Ts ○ 피시소스 1Ts

○ 적양파 1개 ○ 마늘 1쪽 ○ 토마토 2개(400g) ○ 올리브유 1Ts ○ 참기름 1Ts

카레 양념 ○ 코리앤더 파우더 1ts ○ 커민 파우더 1ts ○ 피시소스 2Ts ○ 소금·후춧가루 약간씩

○ 고수 2줄기

재료 준비하기   1   소고기는 고루 섞은 고기 양념에 버무려주세요.

2   적양파는 굵게 다진 뒤 고명으로 1Ts 정도 남기고 마늘은 다져주세요.

3   토마토는 세로로 8등분으로 자릅니다.

재료 볶기   4   팬에 올리브유와 참기름을 두르고 중불에 다진 마늘을 볶다가 향이
나면 양파를 넣고 볶아요.

5   고기를 넣고 볶다 색이 변하면 토마토를 넣고 카레 양념에서 코리앤더
파우더와 커민 파우더를 더해 약한 불에서 볶습니다.

6   토마토가 흐물흐물해지면 피시소스, 소금, 후춧가루를 넣고 간합니다.

7   그릇에 밥을 담아 카레를 얹고 남은 적양파와 다진 고수를 뿌립니다.

132

한국이나 일본은 기본적으로 '간장'에 섞는 향미 채소나 산초, 후추, 고추 외 향신료에는 그다지 익숙하지 않습니다. 카레도 시판 카레 파우더나 고형 카레로 만드는 것이 당연한 일입니다. 그나마 최근에는 허브라는 카테고리에서 파우더, 코리앤더, 커민 등 다양한 향신료를 쉽게 구할 수 있어서 일반 가정에서도 요리에 사용하게 되었습니다.

향신료 역사가 긴 인도에서는 가정에서도 매일 채소, 고기, 생선 등 식재료나 조리법에 맞춰 향신료를 실로 훌륭하게 활용합니다. 또 같은 음식이라도 그 날의 날씨, 먹는 시간대, 가족의 건강, 당일 식단에 들어간 다른 요리와의 균형 등을 고려해 향신료를 조금 바꾸거나 분량을 조절해 사용합니다. 향신료를 사용하는 방식도 통째로 기름에 가열하거나, 따뜻하게 데운 다음 으깨거나, 향미 채소에 섞어서 갈아 페이스트를 만들거나, 여러 종류를 섞어서 파우더로 빻아 뿌리는 등 요리에 따라 구분합니다.

인도에서도 이러한 향신료 활용법은 대대손손 전해져 내려오고 있지요. 최근에는 도시에서 맞벌이 부부가 늘어나면서 시판 향신료나 마살라를 이용하는 사람도 많아졌습니다. 인도 음식의 긴 역사 속에서 고추가 등장하는 것은 한국에 고추가 들어왔을 무렵과 비교적 비슷한 시기입니다. 원래 고추는 중남미가 원산지로, 콜럼버스의 아메리카 대륙 발견을 계기로 귀향과 함께 유럽에 건너가게 되었습니다. 이후 어떤 경로를 통해 인도에 전해지게 되었었는지는 명확하게 알려지지 않았지만, 1492년 콜럼버스의 아메리카 대륙 발견 이후인 것만은 확실합니다. 그 이전에는 주로 후추와 머스터드를 이용해 매운맛을 냈습니다.

그러면 다양한 카레에 곁들여 먹는 반찬과 인도의 대표적인 얇게 굽는 빵 만드는 법, 바스마티Basmati 밥 짓는 법을 소개합니다.

카레와
곁들이는
밥, 반찬

콩나물 아차르

아차르는 인도 아대륙Indian Subcontient 즉 인도반도에서 주로 먹는 채소와 과일 절임입니다. 원래 농사가 흉작일 때를 대비해 보존식이나 비상식으로 만든 것에서 기원했으며, 다양한 향신료나 식초, 소금, 오일에 절이기 때문에 쉽게 부패하지 않고 장기간 보존할 수 있습니다. 식재료나 조리법에 따라서는 상온에서 2년 이상 보관할 수 있기도 합니다. 피클과 같은 음식이지만 한국의 김치나 장아찌와 비슷하다고 표현하는 것이 이해하기 쉬울 듯합니다.

아차르에 주로 사용하는 재료는 양파를 비롯해 오이, 토마토, 당근, 고추, 생강, 무, 라임, 콜리플라워 등의 채소와 병아리콩 등의 콩류이며 육류를 사용한 아차르나 망고, 파인애플 등 과일로 만든 아차르도 있습니다. 아차르는 김치 같은 음식이지만 작은 접시에 조금씩 담는 다양한 종류의 반찬이라고도 말할 수 있습니다.

제일 먼저 소개하는 아차르는 한국 요리의 대표 식재료인 콩나물로 만들어보았습니다. 나물 만드는 법이라기보다는 인도식 콩나물무침이지요. 포인트는 한국식 양념이 아니라 먼저 식초 양념을 해서 버무린 다음 다양한 향신료를 프라이팬에 가열해 뜨거울 때 콩나물에 두르는 '타르카'식으로 마무리하는 두 가지 조리법을 사용하는 것입니다. 냉장고에서 차갑게 식힌 다음 드세요!

2~4인분   ○ 콩나물 1봉지(350g)

콩나물 양념 ○ 레몬즙 2Ts ○ 식초 2Ts ○ 소금 1ts ○ 올리브유 3Ts

양념 ○ 머스터드시드 ½ts ○ 커민시드 1ts ○ 칠리 파우더 1ts ○ 터메릭 파우더 ½ts
      ○ 후춧가루 ½ts ○ 카레 잎 2장

1   콩나물은 삶은 뒤 물기를 빼고 콩나물 양념을 섞어 고루 버무리세요.

2   달군 팬에 올리브유를 두르고 양념 재료에서 머스터드시드를 넣고 중불로 볶습니다.

3   머스터드시드 색이 하얗게 되면 커민시드를 넣고 볶다 카레 잎을 제외한 나머지
     향신료를 모두 넣어 계속 볶아주세요.

4   재료의 향이 잘 어우러지면 카레 잎을 손으로 찢어 넣습니다.

5   양념이 뜨거울 때 콩나물에 바로 뿌려 버무립니다. •

6   냉장고에서 2~3시간 차게 둔 뒤 먹습니다.

기름이 뜨거우니
젓가락으로 살살
버무려주세요.

토마토 아차르

아차르Achar의 어원은 페르시아어 아차르가 포르투갈어 '아샤르Achar'로 된 것으로 알려져 있는데, 포르투갈에서도 채소와 과일로 담근 피클(절임 음식)이라는 의미로 씁니다. 필리핀이나 인도네시아에도 '아차라'라는 대표적인 절임 음식이 있고 일본에도 무 등의 채소를 잘게 썰어서 고추를 더한 다음 단식초에 절이는 '아차라쯔케'가 있습니다. 이들도 모두 포르투갈어인 아샤르에서 유래했다고 알려져 있는데, 16세기에 포르투갈인 의사가 약학 및 향신료 연구를 위해 인도에 다녀가곤 했다는 역사적 기록을 참고하면 이 시기에 포르투갈인이 인도에 아차르 요리법을 전한 것일지도 모릅니다.

콩나물 아차르에는 뜨거운 향신료 오일을 둘러 간접 가열을 했지만 이 토마토 아차르는 태국 요리 솜땀처럼 신선한 상태로 먹습니다. 올리브유를 두르면 마치 지중해 샐러드와 같은 느낌이 나지만 여기서는 산미와 단맛에 고추의 매운맛을 더할 뿐입니다. 향신료가 들어간, 맛이 강한 카레에는 이처럼 단순한 맛이 어울립니다.

140

2인분	○ 토마토 2개 ○ 오이고추 3개
	<u>양념</u> ○ 레몬즙 ½개 분량 ○ 설탕 1ts ○ 소금 ½ts
	○ 고수 2줄기

1   토마토는 꼭지를 떼고 손으로 찢어 볼에 담습니다.

2   오이고추는 얇게 어슷하게 썰어 토마토와 함께 섞습니다.

3   양념 재료를 섞어 오이와 토마토에 버무립니다.

4   냉장고에서 2~3시간 차게 보관한 뒤 먹기 직전에 손으로 찢은
    고수를 뿌려줍니다.

서리태와 고수 마리네이드

'코리앤더 씨를 뿌리면 고수가 납니다' 하고 요리 교실 수업에서
농담처럼 설명할 때가 있습니다. 그렇습니다. 코리앤더도 고수도
파쿠치도 모두 같은 식물의 이름입니다. 하지만 고수라고
말하기보다 코리앤더라고 부르면 왠지 유행의 첨단을 달리는
채소를 먹는 듯한 기분이 드는 건 저뿐인가요? 그렇지만
이 마리네이드에는 일부러 한국어로 고수라는 이름을 붙였습니다.

고수와 좋은 궁합을 자랑하는 재료는 한국에서는 밥에 넣어 콩밥을
짓거나 콩조림, 콩국 정도로만 활용하는 듯한 서리태입니다.
서리태를 통통하게 삶은 다음 시간 간격을 두고 두 종류의 드레싱을
섞으면 히데코식 아차르가 완성됩니다. 마리네이드라는 조리법도
아차르처럼 식초나 레몬에 절이니 명칭은 달라도 같은 요리나
마찬가지입니다.

봄에는 생콩을 가볍게 삶아 만들어도 포슬포슬하니 맛이 좋습니다.
마지막에 다져 넣는 고수는, 물론 취향에 따라 조절해야겠지만
레시피에 적힌 분량보다 듬뿍 더해보세요!

3~4인분 ○ 서리태 1컵 ○ 물 600ml

드레싱 Ⓐ ○ 다진 양파 ⅓개 분량 ○ 다진 마늘 1ts ○ 라임즙 1Ts ○ 화이트와인 비니거 1Ts
○ 꿀 1Ts ○ 소금 ½ts ○ 올리브유 2Ts

Ⓑ ○ 오렌지(한라봉, 하귤 등 단맛이 나는 감귤)즙 2~3Ts ○ 올리브유 3Ts

○ 다진 고수 3줄기 분량

1 콩은 반나절 불린 뒤 씻어 물과 함께 냄비에 넣고 끓입니다. •┈┈┈ 말린 콩이 아닌 생콩을 사용하는 경우, 끓는 소금물에 3~5분 정도 삶으면 됩니다.

2 끓기 시작하고 거품이 생기면 콩을 건져냅니다.

3 물기를 뺀 다음 콩이 뜨거울 때 드레싱 Ⓐ와 버무려주세요.

4 2~3시간 정도 냉장고에 보관한 뒤 먹기 직전 다진 고수와 드레싱 Ⓑ를 넣고 고루 섞으면 됩니다.

무말랭이
머스터드시드볶음

향신료 요리라고 하면 풍미가 확 두드러지는 음식을 생각할지 모르지만
향신료는 어디까지나 조연으로 조금만 넣어도 재료의 맛을 돋워줍니다.
인도 가정에서는 밥에 카레와 반찬을 여러 종류 곁들이는 것이 식탁에 오르는
단골 조합입니다. 가족의 몸 상태와 날씨에 맞춰 카레는 물론이고 반찬에도
다양한 향신료를 사용하지만 모두 의외로 소박하게 식재료의 맛을 살리는
형태로 단순하게 조리합니다.

인도에서는 종교적 이유로 채식주의자가 많은 특성상 채소 요리가 중심이
되지만 재료×조리법×향신료라는 조합 공식에 따라 실로 다양한 변형이
가능합니다. 그래서 한국 식재료 중 무엇이 어울릴지 이리저리 고민해보았는데,
무말랭이에 매운맛을 내는 머스터드시드를 조합해 간단한 반찬을
만들어냈습니다. 카레에 곁들여도 맛있어요. 여러분도 재료×조리법×향신료라는
조합 공식을 다양하게 즐겨보세요!

2인분 ○ 무말랭이 60g ○ 미지근한 물 300ml

○ 올리브유 4Ts ○ 머스터드시드 1ts

양념 ○ 소금 1ts ○ 다진 생강 20g ○ 간장 약간

1 무말랭이는 미지근한 물에 20분 정도 담가 불리세요.

2 불린 무말랭이는 물기를 빼고 남은 물은 보관합니다.

3 무말랭이는 먹기 좋게 잘라주세요.

4 팬에 올리브유와 머스터드시드를 넣고 약한 불에 볶습니다. 머스터드시드가
   튀어오르기 시작하면 뚜껑을 덮고 색이 까매질 때까지 서서히 볶아주세요.

5 먹기 좋게 자른 무말랭이를 넣고 강불에 살짝 탈 정도로 볶아주세요.

6 무말랭이 불린 물 150ml와 소금을 더해 10분간 중불로 수분이 없어질 때까지
   졸입니다.

7 다진 생강과 간장을 넣고 마무리해주세요.

오이 타이르 파차디

타이르 파차디Thayir Pachadi는 타밀어로 '날것' 또는 삶은 채소에 향신료와 요구르트,
코코넛밀크로 양념하고 오일은 사용하지 않는 '샐러드'를 의미합니다. 다만 다른
지방에서는 같은 요리를 힌디어로 '라이타'라고 부르기 때문에 레스토랑에 따라
명칭이 다를 수 있으니 참고해주세요. 덧붙여 타밀어로 '타이르'는 힌디어로
'타히'라고 하며 요구르트를 뜻합니다.

이 레시피는 인도 남부 지방에서 주로 먹는 조리법으로, 요구르트에 코코넛밀크를
더했습니다. 타이르 파차디보다 코코넛 풍미가 조금 묵직하게 느껴지는데,
코코넛밀크를 빼고 요구르트의 양을 늘려도 좋습니다. 오일과 향신료를 가열하는
조리법인 '타르카'를 활용해 깊은 맛을 더했습니다.

4인분 　○ 오이 2개 ○ 청양고추 1개 ○ 고수 적당량 ○ 요구르트 170g ○ 코코넛밀크 50ml

타르카양념 　○ 말린 홍고추 1개 ○ 머스터드시드 ⅓ts ○ 카레 잎 1장 ○ 올리브유 2Ts

1　오이는 방망이로 두들긴 뒤 2cm 길이로 손으로 잘라주세요.

2　청양고추와 고수는 다져줍니다.

3　볼에 요구르트와 코코넛밀크를 넣고 섞어주세요.

4　오이, 청양고추, 다진 고수를 넣고 버무리세요.

5　팬에 올리브유를 두르고 말린 홍고추를 넣은 뒤 강불로 향을 내주세요.

6　머스터드시드와 손으로 굵게 부순 카레 잎을 넣고 바로 불을 끕니다.

7　뜨거울 때 양념한 오이에 뿌려주세요.

차파티

치킨 카레나 채소 카레, 키마 카레 등 어떤 카레에도 잘 어울리는 인도의 얇은
빵은 사실 종류가 무척 다양하다는 것을 알고 있나요? 그중 널리 알려져 있는
빵이 난입니다. 난은 인도 북부 지역의 대표적인 빵으로 큰 나무 이파리와 비슷한
모양이지요. 정제 밀가루로 만든 반죽을 발효시킨 다음 탄두르Tandoor라는 화덕에서
굽습니다. 현지에서도 레스토랑에서 먹는 음식입니다.

여기서 소개하는 차파티Chapati는 인도의 가정에서 주식으로 먹습니다. 난과
마찬가지로 인도 북부의 가장 일반적인 빵으로 크고 둥글고 부드러운 쌀과자 모양을
하고 있으며, 통밀가루(벵골어로는 아타)를 사용하고 일절 발효를 시키지 않은 채
밀가루와 소금 약간, 미지근한 물만 넣어 만듭니다. 탄두르 대신 무쇠 프라이팬인
'타와Tava'에 굽습니다. 차파티는 힌디어이며 벵골어로는 루티라고 부르지요.

버터를 발라 접어 구우면 파라타Paratha, 튀기면 푸리Puri가 되는 등 한 가지 반죽을
이용해 여러 가지 방식으로 활용할 수 있는 것도 차파티의 매력입니다.

인도식 카레를 만든다면 꼭 차파티에 도전해보세요! 난은 발효 과정을 거쳐야 하고
고온의 화덕이 없기 때문에 번번이 실패했는데 파키스탄에서 살았던 요리 교실의
제자가 비장의 레시피를 알려주었습니다. 반죽을 발효시키지 않고 30분간 휴지하는
것뿐이니 귀찮은 일이라면 딱 질색인 저도 자주 만들 수 있을 것 같습니다.

5장

○ 통밀가루 250g ○ 소금 3g
○ 포도씨유 1~1.5Ts ○ 미지근한 물 200~250ml

○ 버터 또는 기 적당량

반죽하기

1 볼에 통밀가루와 소금을 넣고 손으로 고루 섞다 중간중간 포도씨유를
더해 섞어주세요.

2 미지근한 물을 2~3번에 나누어 넣으면서 반죽하세요.

3 주먹으로 생지를 누르며 한 덩어리가 될 때까지 반죽합니다.

4 한 덩어리로 뭉쳐지면 볼에 랩을 씌워 30분 이상 실온에서
발효합니다.

| 모양 만들기 | 5 | 반죽은 약 60g씩 나누어 양손으로 둥글립니다. 손바닥을 펴고 생지를 얹어 다른 손으로 원을 그리듯 둥글리면 생지 바닥 가운데에 배꼽 같은 구멍이 생겨요. |

6 조리대에 강력분을 뿌려 구멍이 보이는 쪽을 아래로 두고 손으로 편 다음 밀대로 밀어주세요.

생지를 360도
회전해가며
균일하게 얇게
펴주세요.

7 불필요한 강력분을 털어냅니다.

생지 굽기   8 중불로 달군 팬에 얹어 노릇하게 굽고(한쪽 약 1~2분) 굽는 도중에 부풀어오른 부분은 뒤집개를 이용해 눌러주세요.

9 표면에 붓으로 버터나 기를 바르고 카레에 곁들여 먹습니다.

터메릭 프라오

터메릭 즉 강황 가루로 노랗게 물들인, 향신료를 가미한 밥을 총칭하는 프라오Pulao는 힌디어로 터키 등에서 먹는 필래프의 어원이기도 합니다. 또 프라오에는 수분이 적고 푸슬푸슬 날아다니는 식감의 바스마티Basmati 쌀을 사용하는데, 인도나 파키스탄 특유의 물기 많은 카레와 발군의 궁합을 자랑합니다.

여기서는 한국에서 가장 구하기 쉬운 터메릭과 정향, 월계수 잎을 넣어 프라오를 만들지만 향신료나 재료를 바꾸면 다양한 맛을 즐길 수 있습니다. 그중 하나가 비리야니Biryani입니다. 양고기를 넣고 노란 빛깔을 내는 향신료인 사프란을 가미한 밥으로, 인도에서는 축하연이나 손님 접대할 때 빼놓을 수 없는 요리입니다. 여러분도 닭고기나 흰 살 생선, 콩, 채소 등을 사용하고 터메릭 대신 커민시드를 넣어 지어보는 건 어떨까요?

바스마티 밥의 포인트는 물의 분량입니다. 밥을 짓는다기보다는 쌀을 삶아내듯이 익힌 다음 남은 물은 마지막에 따라내 버립니다.

4인분	○ 바스마티 쌀 300g ○ 물 2L
	○ 소금 1½ts ○ 버터 2Ts
향신료	○ 정향 3알 ○ 월계수 잎 1장 ○ 터메릭 파우더 ¾ts

1   쌀은 씻어서 물기를 살짝 뺀 후 쌀과 물, 소금, 버터, 향신료 재료를 냄비에 넣고 강불에 올립니다.

2   끓기 시작하면 뚜껑을 덮고 약한 불로 10~13분간 끓이면서 가끔 저어줍니다.

3   알덴테 상태가 되면 물기를 뺍니다.

4   다시 냄비에 넣고 젓다가 뚜껑을 덮고 5분간 뜸을 들입니다.

일본의 친정집에 들를 때마다 반드시 현지의 자그마한 슈퍼마켓이나 도심지 백화점의 식료품 매장, 인기 델리 숍, 식재료 전문점 등을 적당히 훑어봅니다. 특히 반찬 코너를 구경하면 즐거워 그만 지갑을 열게 되어버리지요. 그중에서도 요리 교실 메뉴 짜기에 가장 도움이 되는 것이 바로 전 세계 음식을 일본인 입맛에 맞춰 변형한 창작 반찬입니다.

원래 카레 맛을 매우 좋아하는 저는 카레 파우더나 테이크아웃이 가능한 다양한 카레 소스가 언제나 눈에 들어옵니다. 카레 소스나 카레 맛 반찬을 그만 몇 종류나 사서는 집에 가지고 돌아오면 "어머 싫어라, 아버지가 만든 카레에 비하면 반찬 가게 카레는 맛도 없는데, 이렇게나 많이 사 왔어?" 하고 80세를 넘긴 어머니에게 혼이 나지만요.

19세기에 이미 인도 카레라는 새로운 식문화가 영국이나 프랑스를 통해 유럽풍으로 변형되어 일본의 식문화에 도입되었습니다. 메이지 유신 전까지 육식이 흔하지 않았던 일본 식문화에 소고기가 들어왔을 때, 소고기를 맛있게 먹는 방법으로 스키야키와 '라이스 카레'가 식탁에 침투했습니다. 저희 세대까지는 소위 말하는 일본풍 카레라이스가 일반적이었지만 그 이후 세대는 인도의 정통 카레부터 시작해 인도 카레 조리법을 지키면서도 맛은 일본풍으로 변형한 카레와 반찬, 술안주 등 다양한 장르로 새로운 카레 요리를 만들고 있습니다.

Part 4에서는 제가 어렸을 때부터 먹은 카레 볶음밥이나 카레 우동, 한국의 지인이 일본에서 먹고 매우 좋아하게 되었다는 카레 수프 등 카레 파우더나 고형 카레를 이용한 요리 및 각종 향신료를 응용한 요리를 소개합니다.

PART
4

카레를
이용한 한 끼

카레 필래프

한국에서는 외식할 때 필래프Pilaf를 주문하면 볶음밥이 나왔습니다. '음… 조금
다른데' 하고 생각하면서도 남김없이 먹어 치우기는 했지만요. 한국에 제대로 된
필래프를 널리 알리고 싶다는 마음에 요리 교실에서 가끔 가르치고 있습니다.

볶음밥과 필래프는 만들 때 먼저 밥을 지은 다음 조리에 사용하는가, 아니면 생쌀
단계에서 조리를 시작하는가에 따라 큰 차이가 납니다. 이미 지은 밥을 다른 재료와
함께 볶는 것이 볶음밥이고 생쌀을 다른 재료와 함께 볶은 다음 육수를 더해 익혀
만드는 것이 필래프입니다.

필래프의 어원은 인도의 쌀 요리 '프라오Pulao'에서 유래한 것으로 알려져 있습니다.
이 프라오가 우즈베키스탄이나 터키를 통해 유럽의 프랑스에 전해지면서 필래프라는
요리가 탄생했습니다. 한편 프라오가 중국에 전해지면서 '볶음밥'이라는 음식으로
변화한 것이 아닐까요? 그리고 필래프가 스페인에 전해지면서 파에야가 되고,
이탈리아에 넘어가면서 리소토라는 음식으로 변화했다고 생각할 수 있습니다.
그러니 식문화란 참 재미있는 것이지요.

여기서는 동남아시아풍으로 코코넛밀크를 더해 볶은 쌀로 밥을 지었습니다.
코코넛밀크를 싫어한다면 닭 육수나 한국식 육수를 활용해보세요!

2인분   ○ 새우 6마리   ○ 전분 2Ts
                ○ 쌀 2컵(300g)   ○ 양파 ½개   ○ 붉은 파프리카 1개
                ○ 다진 마늘 10g   ○ 다진 생강 5g   ○ 올리브유 1Ts

                카레 양념 Ⓐ ○ 카레 파우더 1Ts ○ 코리앤더 파우더 1ts ○ 커민 파우더 ½ts
                          Ⓑ ○ 코코넛밀크 100ml ○ 청주 2Ts ○ 피시소스 2Ts ○ 물 200ml

                ○ 다진 민트 잎 적당량 ○ 후춧가루 약간

재료 준비하기	1	새우는 껍질과 등쪽 내장을 제거한 뒤 전분에 묻힙니다.
	2	5분 정도 지나 흐르는 물에 씻어 키친타월로 물기를 닦고 1cm 길이로 자릅니다.
	3	쌀은 깨끗이 씻은 뒤 바로 체에 건져 물기를 빼주세요.
	4	양파와 붉은 파프리카는 잘게 다집니다.
재료 볶기	5	냄비에 올리브유를 두르고 중불에 다진 마늘과 생강을 볶아 향이 올라오면 양파와 파프리카를 넣고 볶아요.
	6	양파가 투명해지면 카레 양념 Ⓐ를 넣고 전체적으로 섞어줍니다.

필래프 만들기   7   쌀과 카레 양념 Ⓑ를 넣고 뚜껑을 덮은 상태에서 강불로 끓입니다.

                   8   끓기 시작하면 약한 불로 15분을 익히다가 마지막 15초 동안 강불에 뒤적이며 수분을 날려 불을 꺼주세요.

                   9   새우를 넣고 뚜껑을 덮은 상태로 15분간 뜸을 들입니다.

               10   밥을 그릇에 담고 다진 민트 잎과 후춧가루를 뿌립니다.

양고기 카레 수프

"선생님, 카레 수프를 꼭 메뉴에 넣어주세요!" 편집장으로부터 이런 부탁을
받았습니다. 하지만 사실 저는 카레 수프의 발상지인 홋카이도에 가본 적이 없습니다.
중고등학교 시절을 벽지인 섬에 살며 보낸 탓인지 일본의 다른 지방 도시에는 가고
싶다는 생각이 들지 않았고, 스키 등 겨울 스포츠에 흥미가 없으니 홋카이도에
갈 일도 없었던 게 아닐까 해요. 아무튼 요리 교실의 제자들에게도 가끔 질문을
받고는 해서 홋카이도의 카레 수프는 대체 언제부터 유행했으며 어떤 수프인지
연구해보았습니다.

홋카이도도 가본 적이 없지만 카레 수프도 먹어본 적이 없습니다. 제가 일본을
떠난 후에 도쿄 등의 조금 세련된 카페에서 여성 고객을 중심으로 유행하기 시작한
듯합니다. 하지만 인터넷에 게재된 카레 수프 레시피를 살펴보면 장시간 끓여야 하는
카레라이스 소스보다 간단하게 만들 수 있는 것 같습니다. 기본적인 레시피는 재료를
볶은 다음 와인이나 청주로 감칠맛을 내고 육수를 더해 익히는 것뿐이지요. 익힐 때
취향에 맞는 카레 파우더를 더하면 됩니다.

그래서 홋카이도 요리 하면 양고기니까요! 히데코 스타일로 매우 좋아하는 양고기와
단맛을 내는 고구마를 더해 만들어보았습니다. 육수가 없으면 소시지나 베이컨을
채소와 함께 볶은 다음 끓여도 맛있습니다.

4인분

○ 양갈비 4개 ○ 소금 1ts ○ 후춧가루 약간

○ 양파 1개 ○ 고구마 1개(300g) ○ 감자 2개(300g) ○ 브로콜리 ⅓개(80g)

○ 올리브유 적당량 ○ 다진 마늘 10g ○ 다진 생강 10g

○ 화이트 와인 30ml ○ 물 600ml

<u>카레양념</u> ○ 카레 파우더 3ts ○ 칠리 파우더 1ts ○ 커민 파우더 1ts ○ 코리앤더 파우더 1ts
○ 후춧가루 ⅓ts ○ 표고버섯 가루 1ts

○ 소금·후춧가루 약간씩 ○ 로즈메리 잎 적당량

재료 준비하기

1 양갈비는 칼 손잡이 뒤를 사용해 살 부분을
탁탁 치면서 부드럽게 펴주고 군데군데
칼집을 낸 뒤 소금, 후춧가루를 뿌립니다.

2 양파는 잘게 다져주세요.

3 고구마는 껍질째, 감자는 껍질을 벗겨 마구
썰고 물에 담가두세요.

4 브로콜리는 먹기 좋게 썰어 끓는 물에 살짝
데칩니다.

재료 볶기
5   냄비에 올리브유를 중불로 달군 뒤 양갈비 겉을 노릇하게 구워
    건져냅니다.

6   같은 냄비에 다진 양파와 마늘, 생강을 볶고 미리 섞어둔 카레 양념을
    더해 잘 볶습니다.

카레 끓이기
7   양갈비를 다시 넣고 화이트 와인과 물을 붓고 한소끔 끓입니다.

고구마와 감자가 푹
익어야 맛있어요. 물이
너무 졸아들 수 있으니
중간중간 잘 살펴가며
끓여주세요.

8   고구마와 감자를 넣고 뚜껑을 덮어 약한 불로 30분간 끓입니다.

9   마지막에 데친 브로콜리를 넣고 소금, 후춧가루로 간해 마무리하세요.

10 기호에 따라 로즈메리 잎을 뿌려 드세요!

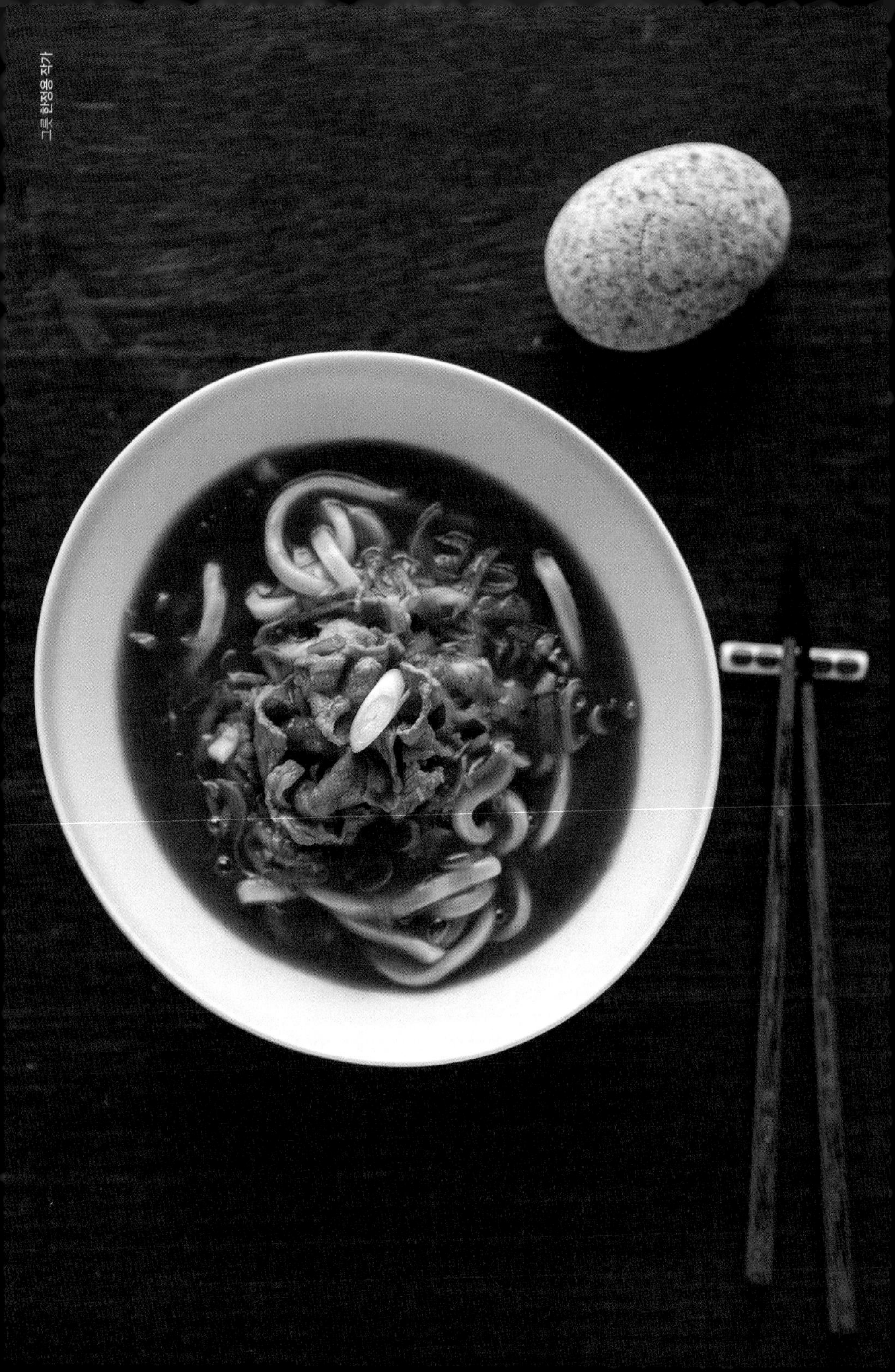
그릇 한정용 작가

카레 우동

카레 우동은 제 추억의 맛입니다. 어머니는 냉장고에 이틀 전에 만든 카레가 아직
남아 있으면 멸치로 국물을 낸 다음 남은 카레에 부어주셨어요. 맛이 조금 부족한
듯싶으면 고형 카레를 한 조각 더하고, 간장이나 청주를 한 바퀴 두르지요. 마지막에
물에 푼 전분을 더해 걸쭉하게 만듭니다. 그런 다음 삶은 우동 면을 담은 그릇에 카레
국물을 부으면 완성! 카레라이스와는 또 다른 맛으로, 제가 친정에 갈 때마다 새삼
기억이 났다는 듯 만들어 주십니다.

어머니의 맛은 곧 할머니의 맛이 되어, 서울에서 찾아온 어린 손자들에게도 항상
만들어 줍니다. 그 덕분인지 둘째 아들은 이 카레 우동을 아주 좋아합니다. 원래부터
면 요리를 좋아하는 둘째 아들은 어깨 너머로 관찰하는 사이에 따라 할 수 있게 되어,
카레가 남으면 혼자 직접 만들어 먹곤 합니다.

2인분	○ 돼지고기(불고기용) 100g ○ 대파(흰 부분) 1개 ○ 유부 2장
	○ 식용유 약간 ○ 멸치 육수 600ml
	○ 냉동 우동 면 2인분
국물 양념	○ 간장 3½Ts ○ 미림 2Ts ○ 무스코바도 설탕 2ts
카레 양념	○ 고형 카레 1~1.5조각(25~35g) ○ 전분+물 1:1 1Ts

1 돼지고기는 먹기 좋게 3cm 크기로 썰어주세요.

2 대파는 송송 썰고 유부는 8mm 두께로 자릅니다.

3 냄비에 식용유를 두르고 대파와 고기를 볶아주세요.

4 멸치 육수 600ml를 붓고 한소끔 끓이다 거품을 제거하고 유부를 넣습니다.

5 국물 양념을 넣고 끓인 뒤 카레 양념을 더해 간을 보세요.

6 냉동 우동 면을 끓는 물에 데쳐 물기를 뺀 뒤 그릇에 담아 카레 국물을 부어 완성합니다.

카레맛 주먹밥

요리 교실에는 타파스 수업이 있습니다. 평소에는 스페인 요리의
기본적인 타파스를 소개하지만 가끔 퓨전 타파스가 떠오르면
레시피를 만들기도 합니다. 그중 하나가 여기서 소개하는 카레맛
주먹밥입니다. 타파스처럼 한입 크기로 만들어보았어요.

카레 파우더는 좋아하는 만큼 뿌리고 토마토 페이스트로 숨은 맛을
더합니다. 밥에 섞는 재료는 취향에 따라 좋아하는 재료를 넣어도
상관없습니다. 다만 욕심을 부려 너무 여러 가지를 한번에 섞지는
말 것! 아이들 간식으로도, 어른들 술안주로도 안성맞춤입니다.

4개 ○ 밥 240g ○ 양파 ¼개 ○ 토마토 ½개 ○ 당근 30g ○ 다진 마늘 5g ○ 다진 생강 5g ○ 부추 3줄기 ○ 다진 아몬드 적당량 ○ 올리브유 적당량

카레 양념 ○ 토마토 페이스트 1Ts ○ 카레 파우더 1Ts ○ 소금·후춧가루 약간씩

1 양파와 토마토, 당근은 잘게 다지세요.

2 달군 팬에 올리브유를 두르고 준비한 다진 마늘과 생강을 넣어 향을 냅니다.

3 다진 양파와 토마토, 당근을 더해 볶고 카레 양념을 넣어 간을 합니다.

4 식으면 볼에 넣고 밥과 다진 부추, 아몬드를 더해 섞어요.

5 주먹밥처럼 동그랗게 뭉쳐주면 완성입니다.

치킨 카레 볶음밥

아마 이 책에 실린 레시피 중 가장 간단한 요리라고 생각합니다.
"선생님! 레시피가 너무 복잡해요! 조금 더 간단한 걸 소개해주세요!!" 하고
편집장에게서 야단을 맞은 결과 생각해낸 레시피입니다. '생각해냈다'라기보다는
아이들이 유치원에 다닐 때부터 아침밥으로 만들어 준 카레 풍미의 볶음밥입니다.

새삼스럽게 이렇게 간단한 걸 레시피라고 소개해도 괜찮은지 부끄럽지만요. 포인트는
강불에서 고기와 밥을 파슬파슬하게 볶는 것입니다. 재료는 원하는 대로 바꾸어도
좋지만 너무 많은 것을 이것저것 한번에 넣지 않도록 주의해주세요. 요리도 패션도
인생도, 덧셈보다는 뺄셈. 이것이 제 인생관입니다.

2~3인분　　○ 밥 2공기(300g) ○ 다진 돼지고기 200g
　　　　　　○ 양파 ¼개 ○ 파프리카 ¼개 ○ 표고버섯 1개 ○ 오크라 2개
　　　　　　○ 다진 마늘 10g ○ 다진 생강 5g ○ 간장 1Ts
　　　　　　○ 카레 파우더 2Ts ○ 식용유 적당량

1 양파와 파프리카, 표고버섯은 먹기 좋게 다져주세요.

2 오크라는 동글게 썰어 끓는 물에 한번 데쳐냅니다.

3 달군 팬에 식용유를 두르고 다진 마늘과 생강을 넣고 볶아요.

4 다진 돼지고기를 넣어 표면이 하얗게 되도록 익혀주세요.

5 양파와 파프리카, 표고버섯 순으로 넣어 볶다가 간장으로 간을 합니다.

6 밥과 카레 파우더를 넣어 고슬고슬하게 볶아주세요.

7 오크라를 넣어 가볍게 섞어주면 완성입니다.

카레 풍미는 술안주로 제법 잘 어울립니다. 카레 향신료가 맛을 결정해 곁들일 수 있는 술 종류가 한정된다는 단점이 있지만 카레 파우더나 카레에 사용하는 다양한 향신료를 저 나름대로 섞어가면서 마시고 싶은 술에 맞춰 맛내기를 달리하는 즐거움을 만끽할 수 있습니다.

여기서는 평소에 만들어 먹는 술안주에 카레 파우더를 조금 더하는 정도의 카레 초급자용보다는 카레 문화권의 대표적인 애피타이저, 와인이나 맥주잔을 한 손에 들고 식문화를 체험하는 듯이 즐길 수 있는 요리 등으로 레시피를 구성했습니다.

카레 풍미
술안주

반숙 달걀 아차르

아차르Achar는 채소나 과일을 기름, 소금, 식초, 설탕, 향신료 등에 절인 인도식 김치 같은 음식입니다. 원래 카레라이스에 반숙 달걀을 곁들여 숟가락으로 으깨가면서 먹는 걸 좋아해, 반드시라고 말해도 좋을 정도로 언제나 반숙 달걀을 준비합니다. 이걸 어떻게 변형해 술안주로 만들면 좋을지 조금 고민하던 차에 우편으로 도착한 일본 요리 잡지에 소개된 도쿄 오이와 식당大岩食堂의 레시피를 그대로 소개합니다. 향신료와 마늘, 생강으로 올리브유에 향을 입히고 향신료 가루로 매운맛을 더한 다음 아차르식 조리법으로 마무리합니다. 언뜻 어려운 듯하지만 향신료만 준비되어 있다면 매우 간단한 술안주입니다.

만들기 편한 분량	○ 반숙 달걀 6개 ○ 식용유 100ml ○ 머스터드시드 1ts ○ 마늘생강 페이스트 50g

아차르 양념 Ⓐ ○ 레드 칠리 파우더 1ts ○ 파프리카 파우더 1Ts ○ 시나몬 파우더 1ts
○ 카다몬 5알 ○ 정향 5알
Ⓑ ○ 소금 1ts ○ 식초 80ml ○ 레몬즙 2Ts

1 냄비에 물을 끓이고 냉장고에서 꺼낸 달걀을 바로 넣어 삶아요. 가끔씩
저어주면서 6분 30초간 삶습니다.

2 다 삶아지면 바로 얼음물에 넣어 껍질을 벗겨주세요.

3 깊숙한 팬에 식용유 100ml와 머스터드시드를 넣고 중불로 올려주세요.
향이 나고 거품이 생기면 마늘생강 페이스트를 넣어요.

> 마늘생강 페이스트
> 만드는 법은
> 101페이지를
> 참조하세요.

4 거품 소리가 커지고 머스터드시드가 갈색으로 변하면 양념 Ⓐ를 넣고 중불에
저으면서 향이 나도록 익힙니다.

5 양념 Ⓑ를 더해 간을 보고 식힌 후 보관 용기에 담긴 달걀에 부어주세요.

6 달걀에 양념을 고루 묻힌 후 냉장고에서 하룻밤 재워 완성합니다.

마살라 파파도

서울에서 인도 카레가 먹고 싶을 때면 '타지'에 갑니다. 명동성당 바로 앞에 있는
이 인도 카레 전문점은 이래저래 15년 이상 찾아가는 곳으로, 여기 전채 메뉴에 있는
마살라 파파도는 제가 좋아하는 음식입니다.
마살라는 향신료를 섞어 간 혼합 향신료를 말합니다. 때때로 조미료나 향미 채소를
추가하기도 하지만 기본적으로 어떤 향신료를 얼마나 사용하는지는 매번 바뀌며
특별히 정해진 규칙은 없습니다. 마살라 중에서도 특히 매운맛이 나는 것을 '가람
마살라'라고 부릅니다. 가람Garam은 '따뜻하다, 맵다'는 의미이니 가람 마살라는
맵고 몸을 따뜻하게 해주는 혼합 향신료를 뜻합니다.

파파도는 인도에서 주로 먹는 얇게 구운 쌀과자와 비슷한 음식입니다. 원재료는 렌틸콩 등의 콩가루이며 맛내기도, 향신료도, 소금간도 충분히 하고 식감은 바삭바삭 가벼운 것이 특징입니다. 인도에서는 술안주라기보다 전채로 내거나 정식 식사에 곁들입니다. '응? 뭐지 이 냄새는? 과연 맛이 있을까?' 하고 의심하기 쉬운 시판 파파도는 전자레인지나 오븐, 프라이펜에 데우기보다는 기름에 튀기는 쪽이 더 맛있다고 생각합니다.

바삭바삭하게 튀긴 파파도에 다진 양파와 고수 잎, 토마토를 뿌리고 커민 파우더와 레몬즙을 두를 뿐입니다. 커민 파우더 대신 가람 마살라나 코리앤더 파우더 등 취향에 맞는 향신료를 조금씩 뿌리면 맛의 변화를 느낄 수 있어서 좋겠지요. 맥주나 샴페인 안주로 곁들여보세요!

2인분	○ 파파도 2장 ○ 올리브유 적당량
	○ 적양파 ¼개(50g) ○ 고수 잎 1줄기 ○ 방울토마토 6개(80g)

고명 재료 ○ 레드 칠리 파우더·커민 파우더·레몬즙 적당량
(입맛에 맞게 조절해 뿌려주면 됩니다)

1   양파와 고수는 아주 잘게 다지고 토마토는 적당히 다져줍니다.

2   팬에 올리브유를 넉넉히 두르고 파파도를 한 장씩 넣고 살짝 튀깁니다.

5초 정도면
금방 튀겨져요.

3   다진 양파, 고수, 토마토와 레드 칠리 파우더, 커민 파우더, 레몬즙을
    뿌려 완성합니다.

카레맛 살시챠

살시챠Salsiccia는 이탈리아어로 '생소시지'를 말합니다. 다진 고기에 허브 등을 섞어
케이싱에 채워 만드는 생소시지로, 본고장인 이탈리아에서는 날것 그대로 먹기도
합니다. 생소시지를 가열하면 '소시지'가 됩니다. 생소시지는 양이나 돼지 창자를
준비해 본격적으로 만들기도 하지만 여기서는 간단하게 만들 수 있는 수제 레시피를
소개합니다. 허브 대신 향신료를 더해 빚은 다진 고기를 창자가 아니라 랩에 싸서
모양을 잡아 살시챠풍으로 완성합니다.

하룻밤 냉장고에서 충분히 재운 다음 프라이팬에 노릇노릇하게 지진 후 오븐에 넣어
마저 익히거나 그대로 뚜껑을 덮어 프라이팬에서 마무리합니다. 바비큐 그릴에서
직화로 구우면 훨씬 고소하므로 캠핑 요리로도 좋습니다. 여기서는 제가 좋아하는
향신료를 넣었지만 취향에 맞는 향신료를 찾아내 다진 고기에 더해보세요. 차가운
화이트 와인과도 잘 어울립니다.

10개 분량 ○ 다진 돼지고기 500g ○ 소금 1Ts ○ 달걀물 1개 분량

카레 양념 Ⓐ ○ 커민 파우더 1Ts ○ 시나몬 파우더 ½ts ○ 파프리카 파우더 ½ts
○ 후춧가루 ½ts ○ 레드 칠리 파우더 1ts
Ⓑ ○ 식초 2Ts ○ 다진 마늘 10g ○ 다진 생강 10g ○ 소금 1ts

○ 올리브유 2Ts ○ 다진 고수 잎 적당량 ○ 채 썬 적양파 적당량

1   볼에 돼지고기와 소금을 넣고 가볍게 섞어주세요.

2   양념 Ⓐ와 Ⓑ, 달걀물을 넣고 손으로 찰기 있게 잘 섞어요.

3   50g씩 나누고 길쭉하게 모양을 만든 뒤 랩을 씌워 하룻밤 냉장고에서 재웁니다.

4   팬에 올리브유를 두르고 랩을 벗긴 소시지를 강불로 겉만 굽습니다.

5   약한 불로 줄이고 뚜껑을 덮어 7~8분 정도 익혀주세요.

6   그릇에 담아 다진 고수 잎과 채 썬 적양파를 올려 완성하세요. •

고명은 취향껏
올려주세요!

치킨 카라히

파키스탄식 닭볶음탕

'치킨 카라히'이지만 무심코 '치킨 카히라'라고 불러버리고야 마는
이 파키스탄식 닭볶음탕은 파키스탄에 거주한 경험이 있는 요리 교실
제자가 가르쳐준 요리입니다. 파키스탄을 대표하는 요리 중 하나로
레스토랑은 물론이고 가정에서도 만들지만 손이 많이 가는 편이라
손님 접대나 축하연 등에 낸다고 합니다.

카라히 Karahi는 한국의 전골 냄비와 비슷한 '무쇠 양손 냄비'를 뜻합니다.
스페인의 파에야가 전용 프라이팬의 이름에서 유래한 명칭인 것과
마찬가지로 냄비 이름이 그대로 요리 이름이 된 경우입니다. 한국에서는
토막 낸 닭 한 마리를 손쉽게 구입할 수 있으니 꼭 만들어보세요.

다른 카레에 비해 국물이 적고 감자가 들어가 밥 없이도 안주로 제격인
메뉴입니다. 차가운 맥주와의 궁합이 최고지요.

4~5인분   ○ 닭(볶음용) 1팩 ○ 청주 2Ts ○ 다진 생강 10g
          ○ 토마토 3개 ○ 청양고추 1개 ○ 감자 3개 ○ 양파 1개
          ○ 올리브유 3Ts ○ 다진 마늘 10g ○ 다진 생강 10g

카레 양념 ○ 카레 파우더 2Ts ○ 터메릭 파우더 ½ts ○ 커민 파우더 1ts
          ○ 레드 칠리 파우더 1ts ○ 가람 마살라 파우더 2ts ○ 후춧가루 ½ts ○ 소금 1ts

          ○ 채 썬 생강 10g ○ 플레인 요구르트 150g ○ 소금 약간 ○ 고수 잎 약간 ○ 다진 청양고추 약간

재료 준비하기   **1**   토막 낸 닭은 청주와 생강을 넣고 30분 이상 재워 잡내를
                    제거해주세요.

              2   토마토는 잘게 썰고 청양고추는 씨를 제거해 잘게 자릅니다.

              3   감자는 껍질을 벗긴 뒤 한입 크기로 자르고 물에 담가 전분을
                    제거해주세요.

              4   양파는 채 썰어주세요.

5 팬에 올리브유를 넉넉히 두르고 양파를 튀기듯 볶아 약간 갈색이 나면 다진 마늘과 생강을 넣어 향을 내주세요.

6 닭을 넣고 향을 낸 기름을 끼얹듯 고루 섞어줍니다. 닭 겉면이 익으면 감자를 넣어 익혀주세요.

7 토마토와 청양고추를 넣고 잘 섞습니다.

| 카라히 끓이기 | 8 | 미리 섞어둔 카레 양념을 넣고 고루 섞은 뒤 뚜껑을 덮어 15분간 중불로 익히세요. 냄비 바닥에 눌어붙지 않게 가끔 나무 주걱으로 저어줍니다. |

9 모든 재료가 다 익으면 뚜껑을 열고 잘 저어주면서 수분을 적당히 날려주고 생강채를 넣어요.

10 요구르트를 넣고 소금으로 간하세요.

11 그릇에 담고 다진 고수와 청양고추를 뿌립니다.

사모사

사모사Samosa는 볶은 감자 등의 속재료를 밀가루로 반죽한 얇은 피에
감싸 삼각뿔 모양으로 빚어 튀긴 요리입니다. 사브지Sabzi와 함께 인도의
대표적인 가정 요리지요. 어른도 아이도 처트니에 찍어 간식처럼 즐겨
먹습니다. 속재료도 매운 정도가 다양하며, 여기서는 채식 요리처럼 채소와
완두콩만 넣었지만 다진 고기를 더하거나 감자 대신 고구마, 콜리플라워
등을 사용해도 맛있습니다. 술과의 궁합은 칵테일이나 스파클링 와인,
맥주가 잘 어울립니다.

12개 분량 ○ 감자 3개 ○ 당근 ½개 ○ 데친 완두콩 15알(통조림으로 대체 가능) ○ 춘권피(18cm) 6장

<u>카레 양념</u> ○ 카레 파우더 2ts ○ 가람 마살라 파우더 ½ts ○ 소금 ½ts

<u>반죽물</u> ○ 밀가루 3Ts ○ 커민 파우더 ½ts ○ 코리앤더 파우더 ½ts ○ 소금 약간 ○ 물 4Ts

○ 식용유 적당량

속재료 만들기   **1**   감자와 당근은 1cm 큐브 모양으로 잘라주세요.

              2   냄비에 채소와 채소가 잠길 정도의 물을 넣고 중불에 올립니다. 끓기 시작하면 약한 불로 줄여 7분 정도 더 삶아주세요.

              3   채소가 어느 정도 익으면 물을 버리고 중불로 수분을 완전히 날려줍니다.

              4   완두콩과 카레 양념을 넣고 감자를 으깨듯 약한 불에서 섞고 불을 끕니다.

              5   식으면 반죽을 6등분합니다.

사모사 만들기	6	반죽물 재료를 섞어요.
	7	춘권피는 반으로 잘라 준비한 속재료를 올립니다.
	8	속재료를 올린 춘권피를 삼각형이 되도록 접습니다.
	9	춘권피 가장자리에 반죽물을 바르면서 붙여줍니다.
	10	180℃로 달군 식용유에 겉만 노릇하게 튀깁니다.

탄두리 치킨

인도에서도 특히 북부 지방에서는 요리에 '탄두르Tandoor'라는 원통형 화덕을
많이 사용합니다. 이 탄두르에서 구운 치킨이 '탄두리 치킨Tandoori Chicken'입니다.
요구르트나 향신료 등에 재운 닭고기를 쇠꼬챙이에 끼워 매달아 굽습니다. 탄두르
안은 매우 고온이기 때문에 그렇게 시간을 들이지 않아도 잘 익는 것이 장점이지요.
여분의 지방이 빠져 겉은 바삭바삭하고 속은 촉촉하게 완성되는 것이 특징입니다.
탄두리 치킨은 인도 북부의 펀자브 지방에서 사랑받는 음식으로, 원래는 왕조
요리였다가 널리 퍼진 것입니다. 인도 탄두리 치킨의 겉이 붉은색을 띠는 것은 향신료
영향도 있지만 식용 색소를 더해 훨씬 붉게 물들이기 때문입니다.

인도인은 대부분 힌두교도로 소고기와 돼지고기를 먹지 않기 때문에 인도에서는
주로 닭고기와 양고기가 고기 요리로 사랑받습니다. 탄두리 치킨은 뼈가 붙은 고기를
사용하며, 뼈를 발라낸 닭고기를 이용해 같은 방식으로 조리하면 '치킨 티카Tikka'라고
부릅니다. 사실 저는 탄두리 치킨보다 치킨 티카를 더 좋아합니다. 또 한국에서
케밥Kebab이라고 부르는, 터키 요리로 인식되는 고기 꼬치구이는 원래 인도에서
'시크 카밥Seekh Kabab'이라고 불리는 음식입니다.

탄두리 치킨에 사용하는 주요 향신료는 코리앤더, 커민, 카다몬, 터메릭 등이지만
여기서는 스페인산 파프리카 파우더를 더해 훈연 특유의 구수한 향을 냈습니다.
물론 기본 향신료 외에는 곁들이는 술에 맞춰 바꿔도 괜찮습니다. 탄두르를 대신하는
고온의 오븐에서 구울 때는 굽기 시작한 다음 온도를 낮춰 마저 익힙니다.

4~5인분 ○ 닭다리 1kg

탄두리 양념 ○ 볶은 소금 1½Ts ○ 플레인 요구르트 6Ts ○ 커민 파우더 2Ts
○ 코리앤더 파우더 2Ts ○ 파프리카 파우더 3Ts ○ 다진 마늘 30g
○ 다진 생강 20g ○ 꿀 3Ts

1   볼에 양념 재료를 모두 넣고 잘 섞어주세요.

2   닭다리와 양념을 지퍼백에 담아주세요.

3   양념이 잘 배어들게 손으로 문지른 후 냉장고에 넣어 하루 정도 재워주세요.

4   굽기 1시간 전 냉장고에서 꺼내 상온에 둡니다.

5   오븐팬 위에 철망을 깔고 고기를 얹어주세요.

6   170℃로 예열한 오븐에서 30분간 구운 뒤 고기를 뒤집어 30분 더 구워주세요.

양배추와 파프리카 사브지

인도식 채소볶음

사브지Sabzi는 채소를 볶은 다음 졸이는 인도식 가정
요리입니다. 한국 요리로 말하자면 고사리볶음이나 대보름
나물처럼 사랑받는 반찬 중 하나지요. 채소 본연의 맛을 느낄 수
있는 간단한 조리법으로 이외에도 감자나 양파, 당근, 고구마,
브로콜리, 무 등 한국에서도 친숙한 재료를 활용할 수 있습니다.
맛내기에 사용하는 향신료도 조금씩 바꿔보는 건 어떨까요?

그릇 김남희 작가

2인분   ○ 양배추 ¼개 ○ 붉은 파프리카 ½개 ○ 올리브유 2Ts

카레 양념 Ⓐ ○ 커민 파우더 1ts ○ 터메릭 파우더 ½ts ○ 가람 마살라 파우더 ⅓ts
　　　　 Ⓑ ○ 청주 1Ts ○ 소금 ½ts

○ 후춧가루 적당량

1   양배추와 파프리카는 굵게 채 썰어주세요.

2   팬에 올리브유를 두르고 중불로 달군 뒤 카레 양념 Ⓐ를 볶아 향이 나면 채소를
        넣고 볶아줍니다.

3   채소가 부드러워지면 카레 양념 Ⓑ를 더해 계속 볶아주세요.

4   그릇에 담아 후춧가루를 뿌립니다.

'카레에 어울리는 디저트'를 소개해달라는 편집장의 요청을 받았습니다.
'음, 카레에 어울리고… 카레를 먹은 후에 자연스럽게 생각나는 디저트는
무엇이 있을까?' 저는 이 마지막 파트를 두고 상당히 고민했습니다. 처음에는
향신료를 이것저것 사용한 케이크나 무스 등을 떠올렸지요. 하지만 인도인이
좋아하는 당근 디저트 등은 아마 우리 독자라면 만들지 않을 것이라고 편집장과
대화를 나누고 히데코가 좋아하는 케이크와 음료, 카레 요리에 어울리는 처트니
레시피를 정리하게 되었습니다.

카레를 활용한
디저트

스파이시 치즈케이크

어린 시절부터 파티시에 훈련도 받은 아버지 옆에서 설탕과 밀가루, 우유, 버터 등 아주 단순한 재료가 착착 예술 작품으로 완성되어가는 과자 만들기를 구경하는 것을 좋아했습니다. 가끔 머랭을 치는 정도의 작업을 해보라 하셨는데, 어린 마음에도 과자 만들기는 재미있다고 생각했습니다. 비록 파티시에가 되겠다는 의지를 갖고 요리 학교에 진학한 것도 아니고 파티시에처럼 정교한 과자를 만드는 것도 아니지만 여러 나라를 돌아다니면서 갖춘 저다운 개성적인 맛과 스타일을 가미한 과자를 만들어내고 있습니다.

그중 하나가 요리 교실에서 와인 페어링 클래스를 진행할 때 디저트 와인에 맞는 과자로 개발한, 카레에 듬뿍 들어가는 향신료를 가미한 치즈케이크입니다. 케이크 토대인 스펀지케이크는 잘게 부숴 버터를 섞은 다이제스티브 쿠키로 대체했습니다. 와인을 마시는 것이 목적이므로 디저트 만들기는 아주 간단하고 쉽게! 저온에서 1시간 정도 충분히 노릇노릇해질 때까지 구운 치즈케이크는 개성이 강한 향신료가 서로 어우러져 아주 먹기 편한 맛입니다. 상당히 중독성이 있습니다.

20cm 틀	쿠키 시트 ○ 다이제스티브 쿠키 90g ○ 시나몬 파우더 1ts ○ 녹인 버터 45g
	○ 크림치즈 400g ○ 설탕 140g
	카레 양념 ○ 시나몬 파우더 ½ts ○ 다진 생강 약간 ○ 후춧가루 1ts ○ 카다몬·너트맥·정향 가루 1ts씩
	○ 달걀 2개 ○ 달걀노른자 1개 ○ 소금 ¼ts
	○ 사워크림 50g ○ 레몬즙 1Ts ○ 생크림 100ml ○ 박력분 3Ts

쿠키 시트 만들기

1   볼에 쿠키를 부숴 넣고 시나몬 파우더,
       버터와 잘 섞습니다.

2   틀에 깔고 냉장고에 보관하세요.

케이크 만들기   **3**   상온에서 부드럽게 녹인 크림치즈에 설탕과 카레 양념을 넣고 잘
                      섞습니다.

               4   다른 볼에 달걀과 달걀노른자, 소금을 넣고 거품기로 크림 상태가 될
                      때까지 잘 섞어주세요.

               5   **3**과 **4**를 합해 사워크림, 레몬즙, 생크림을 더하고 박력분을 넣은 뒤
                      스패츌러로 섬벅섬벅 섞습니다.

               6   냉장고에서 꺼낸 틀에 담아요.

               7   160℃로 예열한 오븐에서 약 60분간 구운 뒤 식혀요.

               8   케이크를 10등분으로 자르고 그릇에 담아 생크림 혹은 플레인
                      요구르트를 곁들여 완성합니다.

하귤 처트니

처트니Chutney는 힌디어 '차트니Chatni'가 어원으로 채소나 과일에 향신료 등을
첨가해 만든 인도의 소스입니다. 겉으로 보기에는 잼이나 걸쭉한 딥 소스와
비슷하며 인도 요리에서 빼놓을 수 없는 음식이죠. 입가심용으로 적당히
젓가락으로 집어 우물우물 먹거나 사모사 등 튀긴 음식을 찍어 먹는 소스로도
쓰고, 카레의 고명으로 얹을 때도 있습니다. 처트니는 생재료를 사용하는 바질
페스토와 비슷한 질감을 띠는 종류, 그리고 가열해 만드는 잼과 같은 종류가
있습니다. 색과 재료는 물론이고 단맛과 신맛, 매콤한 맛 등 형태가 다양합니다.
만드는 방법은 지역이나 가정에 따라 매우 다양합니다.

여기서는 서울에서 좀처럼 구하기 힘든 하귤로 만들어보았습니다. 거의 매년
제주도에서 지인이 보내는 하귤이 도착하면 샐러드나 카르파치오에 넣거나
처트니를 만듭니다. 하귤의 속껍질은 아주 떫기 때문에 참을성 있게 벗겨내고,
겉껍질과 과육에 무스코바도 설탕과 매우 좋아하는 카다몬, 시나몬을 더해
졸입니다. 코리앤더나 커민, 생강 등 좋아하는 향신료를 넣어가면서 아로마
오일처럼 나만의 맛과 향기를 찾아보세요.

250ml 유리병 1개 분량

○ 하귤(또는 자몽, 오렌지, 한라봉 등 감귤류) 3개 분량
   껍질 100g, 과육 500g
○ 무스코바도 설탕 350g(전체 무게의 50% 분량)

<u>향신료</u> ○ 정향 5알 ○ 통후추 10알 ○ 카다몬 4개
       ○ 시나몬 스틱 2개

⑤

1   하귤의 양끝을 잘라내 세로로 속껍질까지 벗겨주세요.

2   하귤을 손바닥 위에 얹고 칼로 과육만 건져냅니다.

3   껍질은 흰 속껍질을 칼로 벗겨내고 노랑 겉껍질만 얇게 채로 썰어주세요.

4   냄비에 모든 재료를 넣고 약한 불에 올려 뚜껑을 덮고 가끔 나무 주걱으로 저어가며
    30분간 졸여주세요.

5   윗부분에 생기는 거품은 건져주고 껍질이 투명해지고 걸쭉한 상태가 되면 불을 끕니다.

6   소독한 유리병에 담고 냉장고에 넣어주세요.
    3개월 정도 보관이 가능합니다.

불을 끈
후에는 물기가
많아도 식으면
걸쭉해져요.

매실청 라씨

한국에서 살다 보면 여기저기서 매실청을 선물받고, 그에 따라 다양한 사용법을 배우게 됩니다. 아이들이 어릴 때는 주스 대신 물에 타서 마시게 하거나 샐러드 드레싱에 단맛을 내는 용도로 쓰기도 했습니다. 다만 저는 단 것을 좋아하지 않아 매실청을 일단 개봉하고 나면 1년 이상 냉장고에 묵혀두기 일쑤였지요. 그래서 생각해낸 것이 인도의 '라씨Lassi'입니다.

본고장인 인도에서는 차이와 더불어 카레에 빼놓을 수 없는 단골 음료가 바로 '라씨'입니다. 인도 음식 레스토랑에서도 접할 수 있으니 마셔본 경험이 있을 거라고 생각합니다만, 한 마디로 표현하자면 '인도의 마시는 요구르트' 느낌의 음료입니다. 인도에서는 디저트로 내기보다 카레와 함께 마십니다. 일반적으로 라씨의 재료는 요구르트와 우유, 여기에 보통 꿀이나 과일을 섞어 맛을 더합니다. 걸쭉하고 농후한 것부터 꿀꺽꿀꺽 마실 수 있는 것까지 농도도 다양합니다. 인도에서는 '다히Dahi'라고 부르는 걸쭉한 인도식 요구르트를 재료로 사용하지만 한국에서 구할 수 있는 그리스식 요구르트나 플레인 요구르트로 만들어도 맛있습니다.

이 라씨에 매실청을 더해보았습니다. 역시 여기에도 제가 매우 좋아하는 카다몬을 아주 조금 넣었지요. 매실과 카다몬의 향기가 어우러져 고급스러운 맛의 라씨가 되었습니다. 그리고 요구르트와 다른 재료를 섞을 때는 반드시 믹서를 사용하세요! 목넘김이 달라집니다.

2인분	○ 플레인 요구르트 100g ○ 우유 50ml ○ 매실청 65ml ○ 물 50ml
	○ 꿀 10g ○ 카다몬 파우더 ¼ts
	○ 민트 잎 적당량 ○ 얼음 적당량

1 모든 재료를 믹서에 넣고 스무디 상태로 갈아주세요.

2 유리컵에 얼음을 넣고 1을 담아 민트 잎을 얹어 완성하세요.

생강 시럽

우리에게 익숙한 생강 시럽을 만드는 방법은 다양하지요. 저는 무스코바도 설탕과 유기농 비정제 설탕을 1대 1로 섞어 만듭니다. 그러면 단맛이 상당히 줄어들어요. 여기에 붉은 고추와 정향, 시나몬 스틱, 카다몬 등을 더해 약한 불에서 10분간 끓입니다. 생강과 향신료의 풍미가 충분히 우러난 다음 체에 걸러 병에 담습니다. 생강만 넣은 생강 시럽은 그저 달달할 뿐이라서 별로 좋아하지 않는데, 향신료를 통째 더하면 은은한 향기가 카레와 절묘하게 어우러집니다. 겨울에는 홍차에 넣어 먹어도 맛있어요.

| 200ml
한 병 분량 | ○ 생강 슬라이스 200g ○ 비정제 설탕 70g ○ 무스코바도 설탕 70g ○ 물 200ml |
| | ○ 말린 홍고추 ○ 팔각 1개 ○ 정향 3알 ○ 시나몬 스틱 1개 ○ 그린 카다몬 2알 |

1 냄비에 모든 재료를 넣고 약한 불로 10분간 졸이세요.

2 천천히 식혀 소독한 유리병에 담아줍니다.

3 음료로 마실 땐 유리컵에 얼음을 넣고 시럽 2Ts, 레몬즙 1Ts, 탄산수를 부어 섞고
    레몬 슬라이스와 로즈메리를 하나씩 얹어 완성합니다.

Epilogue

요리책을 만드는 일이 매우 즐겁습니다. 요리책을 세상에 선보이고 싶어 요리를 하는
것은 아닐까 생각할 때도 있습니다. 레시피는 요리를 공유하는 수단입니다. 단순히
밥을 맛있게 먹기 위한 매뉴얼이 아닙니다. 읽는 사람의 마음에 남아 그 사람의
요리하는 습관, 때로는 살아가는 방식까지 바꿔버립니다. 이번에는 카레 요리를 통해
독자 여러분과 제 레시피를 공유하고 싶은 바람입니다.

요리책의 주제가 정해지면 요리 교실에서 선보인 레시피나 가족 식탁에 올리던
다양한 요리 메모를 뒤집어엎고 구성을 생각합니다. 때로는 책을 위해 새로운 요리를
깊이 연구하고 고민한 후 시험 삼아 만들어봅니다. 그리고 레시피를 정리하며
독자에게 레시피를 통해 제가 전하고자 하는 메시지를 담습니다. 이후 촬영을 위한
카메라와 스타일링, 촬영용 요리를 함께 만들고 레시피를 재검토할 주방 팀을
결성하지요. 그런 다음 요리 촬영과 편집, 인쇄 과정이 이어집니다. 한 권의 요리책은
많은 이의 협력과 계획적이고 충실한 노력의 축적을 통해 결실을 맺게 됩니다.

이번 카레 요리를 많은 사람과 공유할 수 있도록 구성부터 촬영까지 큰 도움을 준
든든한 조력자 박인혜 씨, 촬영 시에 익숙하지 않은 카레 요리를 최선을 다해 만들어
준 박진숙 씨, 첫 요리 촬영임에도 불구하고 기분 좋게 협력해준 손장원 씨를 비롯한
요리교실 제자들, 어쩌면 요리인이 되고 싶을지도 모르겠다고 말해준 아들 박지훈 군,
정말 감사합니다!

요리 하나하나를 한 장 한 장 정성스럽게 찍어준 김정인 작가님은 이번 촬영에서
처음 뵙게 되었습니다. 그의 섬세한 감정이 제 레시피에도 반영된 듯 편집 단계부터
카레의 사진이 아주 맛있게 느껴져 신기했습니다. 다음에는 어떤 주제가 저에게
굴러 들어오게 될지 기대하게 만드는 장은실 편집장님, 정말 수고하셨습니다.

그리고 지금까지 여러 권의 요리책을 출판할 수 있도록, 제 꿈을 이룰 수 있도록 힘을
북돋우며 지켜봐 준 남편에게 감사의 말을 전합니다.

2020년 10월 **나카가와 히데코**

Index

Chicken

겨울 카레 ◦ 52
무굴식 치킨 카레 ◦ 86
반숙 달걀 아차르 ◦ 190
치킨 카라히(파키스탄식 닭볶음탕) ◦ 202
치킨 카레 볶음밥 ◦ 184
치킨 카레와 사프란 라이스 ◦ 74
탄두리 치킨 ◦ 214

Beef

베트남 풍미 소고기와 토마토 카레 ◦ 128
아버지에게서 전수받은 히데코의 비프 카레 ◦ 60
타이 소고기 그린 카레 ◦ 122

Dairy

매실청 라씨 ◦ 232
스파이시 치즈케이크 ◦ 224

Lamb

양고기 카레 수프 ◦ 172
양고기 카레(동인도식 카레) ◦ 104

Seafood

가을 채소와 오징어 카레 ◦ 46
봄 해산물 카레 ◦ 30
전갱이 쿠람부(남인도식 생선 카레) ◦ 98

카레 필래프 ◦ 166

Pork

엄마의 토요일 점심 카레라이스 ◦ 20
여름 채소 키마(다진 고기) 카레 ◦ 70
카레 우동 ◦ 176
카레맛 살시챠 ◦ 198

Vegetables

녹두 카레(남인도식 뭉달 카레) ◦ 92
런던 카레 ◦ 114
마살라 파파도 ◦ 194
무말랭이 머스터드시드볶음 ◦ 148
베지 카레 ◦ 80
사모사 ◦ 208
생강 시럽 ◦ 236
서리태와 고수 마리네이드 ◦ 144
시금치 카레 ◦ 108
양배추와 파프리카 사브지(인도식 채소볶음) ◦ 218
여름 채소 카레 ◦ 38
오이 타이르 파차디 ◦ 152
차파티 ◦ 156
카레맛 주먹밥 ◦ 180
콩나물 아차르 ◦ 136
터메릭 프라오 ◦ 160
토마토 아차르 ◦ 140
하굴 처트니 ◦ 228